LES ORCHIDÉES

HISTOIRE ICONOGRAPHIQUE

STRASBOURG, TYPOGRAPHIE G. FISCHBACH, SUCC⁰ DE G. SILBERMANN

E. DE PUYDT

Président de la Société des Sciences, des Arts et des Lettres du Hainaut
Secrétaire de la Société royale d'Horticulture de Mons, etc.

LES ORCHIDÉES

HISTOIRE ICONOGRAPHIQUE

ORGANOGRAPHIE — CLASSIFICATION — GÉOGRAPHIE — COLLECTIONS
COMMERCE — EMPLOI — CULTURE

AVEC

UNE REVUE DESCRIPTIVE

DES ESPÈCES CULTIVÉES EN EUROPE

Ouvrage orné de 244 Vignettes et de 50 Chromolithographies

DESSINÉES D'APRÈS NATURE

sous la Direction de M. Leroy, dans les Serres de M. Guibert

PARIS

J. ROTHSCHILD, ÉDITEUR

13, RUE DES SAINTS-PÈRES, 13

1880

TABLE DES MATIÈRES

PREMIÈRE PARTIE

Pages

INTRODUCTION 3

Chapitre I. — NOTIONS HISTORIQUES

Histoire ancienne des Orchidées 7
Histoire moderne 12

Chapitre II. — ORGANOGRAPHIE ET BOTANIQUE

Description des organes, tiges, feuilles, racines 18
La Fleur 27
Classification botanique 35
Variabilité des Espèces 42

Chapitre III. — DISTRIBUTION GÉOGRAPHIQUE

Les Orchidées d'Europe 47
Les Orchidées exotiques. Généralités 52
Les Espèces du nord 57
Les Espèces des zones extra-tropicales 60
Les Espèces des zones intertropicales 72
Les Orchidées épiphytes 75

Chapitre IV. — CLIMATOLOGIE

Études de Climatologie appliquée 80
Effets de l'Altitude, régions alpines 86
L'Imitation de la nature 92

Chapitre V. — IMPORTATION DES PAYS D'ORIGINE

Les Collecteurs et l'importation 96
Traitement des Orchidées importées 102

Chapitre VI. — SERRES ET JARDINAGE

Pages

Température des Serres 107
Chauffage des Serres 112
Jardinage pratique 114
Sols, Compost 119
Engrais et Agents chimiques 122
Culture spéciale dans les Serres 126
Les Arrosements et l'Humidité atmosphérique. 142

Chapitre VII. — LES ENNEMIS DES ORCHIDÉES

Maladies et Animaux nuisibles 146

Chapitre VIII. — CULTURES SPÉCIALES. — CONCLUSION

Les Orchidées fleuries dans les appartements 153
Culture des Cypripedium 157
Conclusion. 160

DEUXIÈME PARTIE

REVUE DESCRIPTIVE DES ORCHIDÉES CULTIVÉES EN EUROPE . 169

TROISIÈME PARTIE

DESCRIPTION DES 50 PLANCHES EN CHROMO 241

TABLE

DES 50 PLANCHES EN CHROMOLITHOGRAPHIE

Retouchées à la Main et dessinées d'après Nature sous la Direction de M. Leroy
dans les Serres de M. Guibert, à Passy.

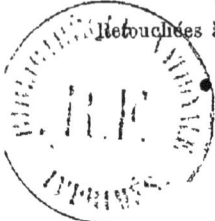

			Pages
Pl. I.	—	Ada aurantiaca Lindley	241
Pl. II.	—	Aerides affine Wall.	243
Pl. III.	—	Aerides Fieldingii Lindley	245
Pl. IV.	—	Aerides Veitchii Lindley	247
Pl. V.	—	Ansellia africana Lindley	249
Pl. VI.	—	Barkeria Skinneri superba Lindley	251
Pl. VII.	—	Cattleya Dowiana Batem.	253
Pl. VIII.	—	Cattleya Eldorado Lindley	255
Pl. IX.	—	Cattleya guttata Leopoldi Hort.	257
Pl. X.	—	Cypripedium caudatum Lindley	259
Pl. XI.	—	Cypripedium Lowii Lindley	261
Pl. XII.	—	Cypripedium Schlimii Hooker	263
Pl. XIII.	—	Cypripedium Sedeni (Hybride)	265
Pl. XIV.	—	Cypripedium Veitchianum Reichb.	267
Pl. XV.	—	Dendrobium Calceolaria Hook. (moschatum Wall.) . . .	269
Pl. XVI.	—	Dendrobium Guiberti Hort.	271
Pl. XVII.	—	Dendrobium macrophyllum Lindley	273
Pl. XVIII.	—	Disa Barelli	275
Pl. XIX.	—	Epidendrum Frederici Guillelmi Reichb.	277
Pl. XX.	—	Epidendrum vitellinum majus Lindley	279
Pl. XXI.	—	Lælia elegans Lindley (Cattleya elegans Morr.) . .	281
Pl. XXII.	—	Lycaste Skinneri rubra Lindley	283
Pl. XXIII.	—	Masdevallia Chimæra Reichb.	285
Pl. XXIV.	—	Masdevallia tovarensis Lindley	287
Pl. XXV.	—	Masdevallia Veitchii Reichb.	289
Pl. XXVI.	—	Miltonia Regnelli Lindley	291
Pl. XXVII.	—	Miltonia spectabilis Moreliana Hort.	293
Pl. XXVIII	—	Odontoglossum Alexandræ guttatum Bat. Var. Hort. . .	295
Pl. XXIX.	—	Odontoglossum citrosmum Lindley	297
Pl. XXX.	—	Odontoglossum triumphans Reichb.	299
Pl. XXXI.	—	Oncidium Kramerianum Reichb.	301
Pl. XXXII.	—	Oncidium Lanceanum.	303

Pages

Pl. XXXIII.   — *Oncidium splendidum* Reichb. 305
Pl. XXXIV.   — *Phalœnopsis grandiflora* Lindley . . . . 307.
Pl. XXXV.   — *Phalœnopsis Schilleriana* Reichb. 309
Pl. XXXVI.   — *Pleione Lagenaria* Lindley 311
Pl. XXXVII.   — *Saccolabium Blumei* Lindley 313
Pl. XXXVIII.   — *Saccolabium curvifolium* Lindley. 315
Pl. XXXIX.   — *Saccolabium violaceum* Reichb. 317,
Pl. XL.   — *Sobralia Ruckeri* Lindley 319
Pl. XLI.   — *Sophronitis grandiflora* Lindley 321
Pl. XLII   — *Stanhopea devoniensis* Lindley. 323
Pl. XLIII.   — *Trichopilia crispa marginata* Hort. 325
Pl. XLIV.   — *Trichopilia suavis Lamarchœ* Ed. Morr 327
Pl. XLV.   — *Vanda cærulea* Lindley 329
Pl. XLVI.   — *Vanda Lowii* Lindley 331
Pl. XLVII.   — *Vanda suavis* Lindley 333
Pl. XLVIII.   — *Vanda tricolor* Hooker 335
Pl. XLIX.   — *Vanilla Phalœnopsis* Reichb 337
Pl. L.   — *Zygopetalum crinitum* Lodd. 339

À

Sa Majesté Marie Henriette

Madame !

Le Roi, Votre auguste Époux, a daigné accepter la Dédicace du livre des Palmiers de mon compatriote et ami M. Oswald de Kerchove de Denterghem.

Appelé à mon tour à écrire l'Histoire des Orchidées, il m'a semblé que je ne pouvais la faire paraître que sous le gracieux Patronage de Votre Majesté.

Les Palmiers symbolisent la grandeur, la puissance, la majesté ; les Orchidées sont la grâce et l'élégance ; elles sont Reines dans nos Serres comme dans les Forêts vierges du Monde tropical:

Vous avez daigné, Madame, Vous intéresser à mon œuvre ; ce sera mon premier encouragement et ma plus douce récompense.

J'ai l'honneur d'être avec Respect

de Votre Majesté

le très humble et très obéissant serviteur

P. E. DE PUYDT.

PREMIÈRE PARTIE

HISTOIRE — BOTANIQUE

CULTURE

1

Vue du Rio Negro.

LES ORCHIDÉES

INTRODUCTION

Il y a des problèmes qui se présentent à tous les esprits investigateurs dès les premiers pas que l'on fait dans l'étude des sciences naturelles, et dont il est probable que l'on cherchera en vain la solution. Pourquoi, par exemple, la nature a-t-elle été si prodigue de certains types, et si avare de tant d'autres ? Pourquoi s'est-elle plu à répandre dans toutes les parties du globe, sous les latitudes et les climats les plus divers, des genres ou des familles végétales dont l'utilité apparente n'est pas en rapport avec leur étendue, tandis qu'elle laisse comme oubliés, relégués dans quelques stations étroitement limitées, d'autres genres, d'autres familles, répondant, pour nous du moins, à d'incontestables besoins ?

On répond quelquefois : hasard, caprice ! Mais la nature n'a pas de caprices; elle obéit à des lois immuables. Peut-on dire, avec plus de raison, qu'elle a abandonné certains types après un essai, et comme mécontente de son œuvre? Ou bien parce que l'œuvre, en cet état, suffisait à son but? S'est-elle complu ailleurs, *voyant que cela était bien*, à épuiser les couleurs de sa palette et les richesses de sa puissance créatrice, comme, dans une sphère bien inférieure, un artiste inspiré brode d'inépuisables modulations sur un thème favori?

Quoi qu'il en soit de ces questions, qui sortent du domaine ordinaire de l'histoire naturelle, il n'y a probablement pas une famille de plantes qui ait été traitée en favorite comme la grande tribu des ORCHIDÉES. Trop nettement caractérisée pour qu'il puisse y avoir du doute sur l'affinité de tous ses éléments, elle se rencontre à la fois sous le climat arctique et dans les régions équatoriales. Elle est largement représentée et dans les plaines intertropicales au soleil torride, et jusqu'au sommet des hautes montagnes, presque à la limite des neiges éternelles. Et partout, sous la plus humble stature et revêtue de teintes sombres, comme dans toute la majesté de ses grandes espèces, aux couleurs d'un éclat inimitable, elle est un sujet d'admiration ou tout au moins de réflexions et d'étonnement.

Dans la sublime harmonie de la création, les Orchidées sont la vie et le charme des contrées humides, des forêts sombres et étouffées, des jungles rebelles à la culture, ou bien de ces sommités alpines où l'homme peut à peine subsister. Elles y prodiguent leurs fleurs, incomparables de fraîcheur et de grâce, et leurs senteurs d'une suavité étrange, aux astres qui les regardent seuls, et au vent des déserts.

Les Orchidées sont le luxe de la nature alpestre et des forêts vierges, et ce caractère est si bien le leur, que, transportées et élevées à grand'peine dans nos serres d'Europe, elles y sont exclusivement une culture de luxe. Et cependant ces plantes, qui ne savent être que belles, dont l'utilité économique est des plus restreintes et devient nulle dans nos jardins, tiennent dans le monde de l'horticulture une place qui va toujours grandissant. Pour elles, il a fallu trouver des conditions d'existence toutes spéciales, réformer nos vieilles serres et notre jardinage empirique. Mais par un juste retour, l'horticulture moderne, celle qui se base sur l'étude de la nature, doit à leurs exigences ses progrès et sa prospérité.

Ces progrès ne se sont pas réalisés tous à la fois ; ils ont été mêlés de revers et de réactions, comme tous les progrès d'ici-bas ; mais enfin l'étude et l'expérience ont vaincu. Les Orchidées intertropicales et épiphytes, qui faisaient le désespoir de nos devanciers, nous sont toutes parfaitement acquises. Nous savons les importer vivantes, et les amener dans nos serres à un degré de vigueur qu'envierait parfois le désert qui nous les a livrées. Leurs fleurs, si rares dans les collections d'autrefois, se développent aujourd'hui avec une abondance et un éclat qui laissent rarement à désirer. Ces résultats inespérés ont été obtenus par les moyens les plus simples ; cette culture, réputée impossible au commencement de notre siècle, est devenue aussi facile, aussi agréable et plus intéressante qu'aucune autre.

La multiplication des Orchidées est aussi mieux connue et plus assurée, mais seule elle ne pourrait suffire aux besoins. C'est l'importation qui y supplée ; elle a pris une importance considérable, sans pouvoir cependant excéder les demandes ni avilir les prix. Il n'y a pas à redouter, d'ailleurs, que ces nobles plantes, fussent-elles plus accessibles à toutes les fortunes, deviennent jamais vulgaires. Par leur nature spéciale, par certaines,de leurs exigences, elles sont et demeureront dans le domaine exclusif de l'amateur instruit, de l'horticulture sérieuse et scientifique. Elles étonneront toujours les curieux ; elles ne passionneront que les gens de goût, les esprits ouverts à l'étude des merveilles de la création et des mystères du monde végétal.

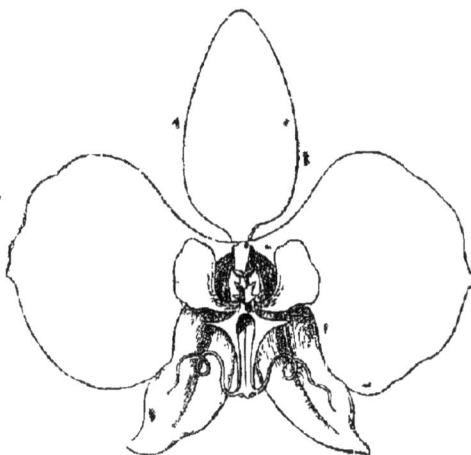

CHAPITRE PREMIER.

NOTIONS HISTORIQUES.

ISTOIRE, USAGES, SUPERSTITIONS. — Le genre *Orchis*, qui a donné son nom à la famille des ORCHIDÉES, tient le sien du grec ὄρχις, que nous nous garderons bien de traduire. Déjà mentionné par Théophraste, l'Orchis (fig. 5 à 7) a joui, dès l'antiquité, d'une réputation bizarre et fantastique, qui s'est perpétuée jusque bien près de notre époque, si même il n'en reste des traces. Quand la médecine s'égarait au point de chercher dans la forme extérieure des plantes, dans certains signes au moins équivoques qu'elles portaient, des indications sur leur valeur thérapeutique, il n'est pas étonnant que ces singulières petites plantes aient attiré l'attention. On se persuada que les tubercules d'Orchis guérissaient de la stérilité. On leur donna une place obligée dans la confection des philtres et des boissons excitantes. C'est à ces préjugés antiques que le salep a dû sa grande réputation et son rang dans la Pharmacopée même moderne.

Le salep est une sorte de fécule, ou plutôt de gomme, que l'on obtient en séchant, dépouillant et lavant à l'eau bouillante les tubercules de certains Orchis (fig. 8 à 16): Il est fort estimé en Orient, d'où nous le recevons. De quelles espèces

Fig. 5 à 7. — Orchis militaris (½ gr. nat.).   Fig. 8 et 9. — Orchis Morio (½ gr. nat.).

d'Orchis les Orientaux le tirent-ils? C'est ce que l'on n'a pu constater suffisamment. Il est probable que toutes les espèces

Fig. 10 à 12. — Orchis hircina.   Fig. 13 à 16. — Hibenaria bifolia (½ gr. nat.).

tuberculeuses servent à cette fabrication. On s'est demandé souvent, dans le temps où cette substance avait plus de vogue

qu'aujourd'hui, si nos 'Orchis' indigènes ne pourraient pas nous
fournir le salep aussi bien que ceux d'Orient. La réponse n'est
pas douteuse : cette substance existe dans les Orchis d'Europe,
et on peut l'en extraire ; mais que vaudrait commercialement
cette exploitation dans nos pays de culture, où les Orchis sont
rares, très-disséminés et de petites dimensions ? On y a renoncé,
et on y songera moins que jamais.

Le moyen âge ne manqua pas de s'approprier les superstitions
et les exagérations de l'antiquité, et le salep garda, dans la
Pharmacopée du temps, à peu près le même rang qu'il tenait
chez les Grecs et les Romains. L'expérience et les progrès de
la chimie l'en ont peu à peu fait descendre ; il demeure un
aliment très léger, incomplet, que l'on emploie dans quelques
cas de convalescence difficile.

Il aurait été tout au moins singulier que des bizarreries bien
plus apparentes et une manière de vivre des plus anormales
n'eussent pas fait naître chez les peuples autochtones de l'Inde,
de l'Amérique, etc., des superstitions analogues. Ch. Morren,
dans un savant mémoire, résume comme suit les usages que
font des Orchidées les peuplades de ces régions lointaines, et
les idées qu'ils y attachent.

« A Demerara, le plus mortel des poisons est le *wourali*.
C'est un jus préparé avec les *Catasetum*, mais on ne dit pas si
le suc de ces Orchidées y entre seul. Par contre, à Amboine
se vend le vrai élixir d'amour … Ce mirifique élixir est préparé
avec des graines très petites d'Orchidées, semblables à de la
farine, et qui sont celles du *Grammatophyllum speciosum*. Le
langage des fleurs est au Mexique, à ce que dit Bateman, une
langue du cœur et qui se comprend sans la moindre étude. On
naît avec elle, comme on naît avec la laideur ou la beauté,
l'esprit ou la bêtise. Or dans cette langue, tout entière d'intuition,
les Orchidées constituent à elles seules un alphabet. Pas d'en-
fant n'est baptisé, pas de mariage célébré, pas de mort enterré,
sans que les Orchidées soient appelées à exprimer les sentiments
si divers relatifs à ces circonstances. La dévotion les offre à

Dieu et aux saints ; l'amour les dépose aux pieds des femmes ; l'amitié, la reconnaissance, l'amour filial ou paternel en couvre les tombes. Il n'y a, sans elles, ni jours de douleur ni jours de plaisir. C'est dans ces sentiments qu'il faut chercher les noms vulgaires de ces plantes, comme Flor de los santos, Flor de corpus, Flor de los muertos, Flor de maio, et jusqu'au No me olvide (ne m'oubliez pas) [1]. »

Nous pouvons ajouter à cette énumération les noms de Flor de Jesus (*Lælia acuminata*), Flor del Pelicano (*Cypripedium Irapeanum*), Flor de Isabel (*Barkeria elegans*), Flor del paradiso (*Sobralia dichotoma*), Flor de Espiritu santo (*Peristeria elata*); Verga de san Jose (*Lælia superbiens*). La Flor de los muertos est l'*Oncidium tigrinum*, Flor de maio, le *Lælia majalis*, Boca del Dragon, l'*Epidendrum macrochilum*.

Mentionnons aussi la vénération des Japonais pour le *Dendrobium moniliforme*, qu'ils nomment Fu-ran, et qui est, d'après Kæmpfer, l'ornement ordinaire des temples. La légende malaise du Daun Petola (*Anœctochilus* ou *Macodes petola*) est une autre preuve de l'intérêt que portent les Orientaux à ces belles et curieuses plantes.

« Hernandez assurait déjà que, lors de la découverte du Méxique, les chefs des peuplades mettaient la plus grande valeur à posséder en fleurs les brillantes Orchidées. Ils les aimaient, disaient-ils, à cause de leur beauté, de leur étrangeté, de leurs parfums épicés et souvent délicieux. Rumph, de son côté, rapporte que dans les Indes orientales il était défendu au peuple de posséder des plantes d'Orchidées et d'en porter les fleurs ; ce droit était réservé aux princesses et aux dames de haute distinction [2]. »

La vanille est aussi un produit de la famille des Orchidées, et le seul, après le salep, qu'elle fournisse au commerce. Ce n'est plus un aliment, mais un condiment et un parfum très

---

[1] Ch. Morren, *Annales de la Société d'agriculture et de botanique de Gand.*
[2] Ch. Morren, *loc. cit.*

estimé. Il se tire des gousses de deux ou trois espèces de *Vanilla* d'Amérique (fig. 17), que l'on fait sécher avec quelques précautions. Ces gousses se récoltent dans les bois, mais on cultive aussi la vanille dans les jardins. Ch. Morren avait même tenté sa culture commerciale dans nos serres, et il en obtenait des produits très parfumés.

Quant aux propriétés médicinales, toniques, aphrodisiaques de la vanille; en grande réputation dans l'extrême Orient, elles nous semblent de la même origine que celles du salep, et tout aussi sujettes à caution.

On cite encore deux ou trois Orchidées auxquelles la médecine, celle des Orientaux surtout, attribue des propriétés curatives ou hygiéniques, mais qui ne figurent pas même à ce titre dans les pharmacopées. Si donc on ne considère cette immense famille de plantes, répandue dans toutes les parties du monde, sous les climats les plus divers et souvent

Fig 17. — Vanilla aromatica (1/2 gr. nat).

à profusion, qu'au point de vue de son utilité positive, il semble qu'il y ait une disproportion choquante entre l'étendue des moyens et l'insignifiance du résultat. Mais à côté et, jusqu'à un certain point, au-dessus des besoins matériels, il y a ceux de l'intelligence et de l'esthétique générale. Si les Orchidées ne donnent à nos tables et à nos officines qu'un condiment et un parfum délicats et des médicaments d'une efficacité douteuse, elles n'en ont pas moins acquis en quelques lustres, dans notre vie civilisée, une importance indéniable et qui ne fait que grandir d'année en année.

HISTOIRE MODERNE. — Quand l'Amérique eut été découverte, ainsi que la route des Indes par le cap de Bonne-Espérance, la merveilleuse végétation des contrées intertropicales (fig. 18) excita l'enthousiasme des savants et des amateurs de l'époque. Nous disons : des amateurs, parce qu'il est constant qu'en Belgique, tout au moins, il existait dès le seizième siècle des collections de plantes exotiques.

Les botanistes qui visitèrent les premiers ces régions, si difficiles à aborder et si dangereuses à parcourir alors, ont décrit quelques Orchidées des Antilles, du Cap, de la Chine, du Malabar, mais en petit nombre et avec une absence de précision qui ne permet pas toujours de reconnaitre celles dont ils ont voulu parler.

En 1774, quand Linné donna aux sciences modernes la méthode qui a assuré leur marche triomphante, il ne connaissait encore que cent neuf espèces d'Orchidées, dont la plus grande partie appartenait à l'Europe ou au bassin méditerranéen. Quinze ans plus tard, en 1789, Jussieu en caractérisait treize genres, renfermant déjà de nombreuses espèces inconnues à Linné. Mais c'est au commencement de notre siècle que les découvertes marchent à pas de géant. La paix ouvrait les mers et les continents aux voyageurs ; l'Inde était conquise et pacifiée, la domination hollandaise affermie à Java et aux Moluques ; les colons espagnols de l'Amérique, en secouant le joug de la mère-patrie, ouvraient les frontières des plus belles contrées du monde. Le Japon, la Chine abaissaient à leur tour une partie de leurs barrières. Un champ immense, inépuisable, s'offrait aux botanistes, plein d'attraits, de mystères et de promesses de gloire. Humboldt et Bonpland avaient ouvert la marche. Mais c'est à partir de 1820 ou 1825 que l'intro-

Fig. 18. — Saccolabium guttatum (1/4 gr. nat.). [D'après le *Gardeners' Chronicle*.]

duction des Orchidées vivantes prend de l'extension, chez les Anglais d'abord, et plus tard sur le continent.

De 1830 à 1835, les Belges commencent à rivaliser avec leurs puissants voisins d'Angleterre. Les voyages de Galeotti, de M. Linden surtout, de MM. Funck, Schlim, Ghiesbreght, Libon, Devos, Van Houtte, etc., ouvrent une large trace. Vers le même temps ou plus tard, les travaux du Danois Wallich,

Fig. 19. — John Lindley.

directeur du Jardin botanique de Calcutta, de Griffith, de Blume, de von Siebold ; les importations considérables du colonel Benson, de Skinner, de H. Veitch, de Warscewicz, de Houllet, de Rœzl, de Marius Porte, du révérend Ellis et d'une foule d'autres dont les noms nous échappent, transforment l'indigence des pères de la botanique en une véritable opulence. A partir de 1830, et pendant dix années seulement, le savant orchido-logue anglais Lindley (fig. 19) a décrit trois cent quatre-vingt-quinze genres d'Orchidées, et en 1840, les espèces plus ou moins connues étaient estimées à trois mille !

Nous sommes encore loin de compte. Les introductions d'espèces nouvelles ne se ralentissent pas. Des études faites sur les lieux en ont signalé beaucoup qui restent mal connues. Celles que l'on possède vivantes dans les serres d'Europe sont au nombre de douze à quinze cents ; les botanistes en ont caractérisé quatre mille, et l'on peut estimer à une moitié en sus, soit en tout six mille, réparties entre quatre cent cinquante genres, ce que la famille entière nous réserve.

De ces quatre mille Orchidées connues, la moitié à peine serait digne d'être cultivée dans nos serres ; les deux mille autres sont plutôt des espèces botaniques très intéressantes pour la science, insignifiantes pour le jardinage. Quoi qu'il en soit, il reste aux explorateurs présents et à venir une vaste carrière à parcourir.

On a conservé la date de quelques-unes des plus anciennes introductions d'Orchidées ; voici celles que nous avons pu relever :

Phajus grandifolius . .	Chine .	introduit en	1778
Epidendrum cochleatum .	Antilles . .	»	1786
Satyrium cucullatum . .	Le Cap . . .	»	1787
Cymbidium aloifolium . .	Chine . .	»	1789
Neottia elata	Antilles . .	»	1790
— *speciosa*	Jamaïque .	»	1790
Oncidium carthagenense .	Amér. équat.	»	1791
Cymbidium sinense . . .	Chine. . .	»	1793
Epidendrum elongatum .	Antilles . .	»	1798
Vanilla planifolia . . .	Indes occid.	»	1800*
Neottia picta	»	»	1805
Epidendrum cuspidatum .	La Dominiq.	»	1808
Ornithidium coccineum .	St-Vincent .	»	1810
Renanthera coccinea . . .	Indo-Chine .	»	1816

On voit à quelles distances s'échelonnent ces importations, qui ne sont certainement pas les seules de cette longue période, quoiqu'elles aient mérité d'être signalées par les botanistes.

Il faut arriver à 1820 pour trouver les premières collections spéciales cultivées à part. Alors déjà on possédait un assez bon nombre d'espèces de constitution robuste, et dont quelques-unes montraient de belles fleurs : des *Epidendrum*, des *Cypripedium*, des *Phajus* (fig. 20), des *Oncidium*, un petit nombre de *Dendrobium* indiens, de *Cyrtopodium*, de *Rodriguezia*, et même de *Cattleya*.

Les voyages d'exploration se multipliaient ; ils étendaient

Fig. 20. — Phajus grandifolius (¹/₂₀ gr. nat.).

incessamment le champ et la précision de l'observation ; aussi l'expérience se formait, et les préjugés devaient s'avouer vaincus. Mais c'est après 1830 que le mouvement se propage sur le continent et qu'on voit s'y former, çà et là, quelques collections spéciales d'Orchidées. Nous avons vu s'ouvrir cette nouvelle période et visité quelques-unes de ces collections si péniblement réunies et si difficilement entretenues. Après plus de quarante années. nous retrouvons bien nettes nos impressions premières. On pénétrait dans la serre à Orchidées avec une ardente curiosité, comme dans quelque sanctuaire où se serait accompli un mystère tangible. Cette culture sans terre, ces racines aériennes, cette atmosphère lourde, vaporeuse, ces feuillages anormaux, ces allures étranges vous saisissaient tout d'abord; et si quelque fleur s'y épanouissait, avec ses formes originales, ses pétales charnus, ses couleurs sombres et son parfum pénétrant, on demeurait surpris, hésitant, émerveillé surtout de la nouveauté du spectacle et de la patience du cultivateur.

C'est qu'alors, où les choix étaient très-limités et les meilleures espèces d'un prix excessif, les collectionneurs ne dédaignaient rien, et en attendant force merveilles annoncées, mais encore inabordables, se contentaient d'étonner plus que de plaire. Des *Epidendrum*, la plupart sans couleur mais non sans parfum, des *Neottia* verdâtres, des *Maxillaria* à petites fleurs jaunes, de maigres *Oncidium*, puis la tourbe des *Eria, Acropera, Pholidota, Stelis, Cirrhœa, Brassavola, Ornithidium*, tous les indigents de la famille, formaient inévitablement le fond de ces collections, pourtant si enviées.

De nos jours on ne se contente plus d'avoir à choisir parmi plus de mille espèces ; les Orchidées varient beaucoup dans leur pays natal; et quelques-unes de ces variétés sont bien supérieures aux types primitifs. Or, en Angleterre, où les collections sont en très grand nombre, on s'attache à choisir les variétés qui ont au plus haut degré le mérite d'une forme correcte et d'un beau coloris ; ou bien on collectionne les variétés d'un même type et on en emplit une serre. Tel est le cas des *Cattleya Mossiœ* et des *Lycaste Skinneri.*

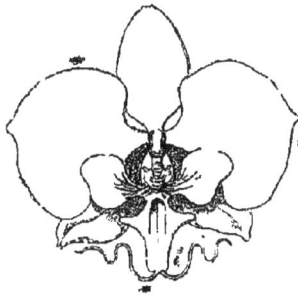

CHAPITRE II.

ORGANOGRAPHIE ET BOTANIQUE.

ESCRIPTION DES ORGANES, TIGES, FEUILLES, RACINES. — Nous avons parlé jusqu'ici de la famille des Orchidées sans la définir ; il est temps d'entrer dans un ordre d'idées plus scientifique.

Aux plus beaux jours du printemps, dans la seconde quinzaine de mai ou au commencement de juin, selon les latitudes et la marche capricieuse des saisons,

Quand les tièdes zéphirs ont l'herbe rajeuni,

et qu'au ciel, comme sur notre terre, tout chante au cœur de l'homme l'hymne éternel du renouveau, on rencontre fréquemment dans les prés humides ou dans les parties basses et modérément ombragées des grands bois, une mignonne plante au feuillage gladié, d'un vert gai maculé de brun, d'où s'élève une tige simple, de 2 ou 3 décimètres de haut, se terminant en épi serré de fleurs blanches ou rosées, d'une forme gracieusement irrégulière, et élégamment ornées de dessins pourpres. Cette aimable plante, qui peut vivre dans nos jardins, quoiqu'elle ne résiste pas longtemps à cet exil, se nomme Orchis maculée

(*Orchis maculata* Linn. (fig. 23). C'est la plus commune des espèces indigènes, et probablement la plus jolie.

Fig. 23. — Orchis maculata.

Le genre *Orchis*, largement représenté dans l'Europe moyenne et méridionale, jusqu'au nord de l'Afrique, à Madère, et surtout dans l'Orient asiatique, a donné son nom à la famille des ORCHI-DÉES, dont nous achèverons de faire apprécier l'importance relative en rappelant que, sur cent vingt mille espèces de plantes connues, elle en revendique quatre mille.

Dans le système sexuel de Linné, les Orchidées appartiennent à la vingtième classe, *Gynandrie*, caractérisée par l'insertion de l'étamine sur le pistil, et à la première section de cette classe, la *Monandrie*, ou fleurs à une seule étamine fertile.

La méthode naturelle de Jussieu range les Orchidées parmi les Monocotylédones, à la quatrième classe, *Epistaminie*, mot qui a le même sens, ou à peu près, que *Gynandrie*.

Les Orchidées sont, dans les pays froids et même tempérés, des herbes vivaces par leurs parties souterraines, mais à tiges annuelles. Dans des contrées plus chaudes, entre les tropiques, quelques-unes se dépouillent annuellement de feuilles, tandis que leurs tiges persistent ; mais la plupart ne se défeuillent jamais, et un petit nombre prennent même une allure frutescente sous forme de Lianes (vanilles).

Aucune n'est annuelle.

Fig. 24. — Cypripedium Calceolus (¹/₂ gr. nat.).

Les espèces terrestres et à tiges caduques, qui habitent le Nord, ont de grosses racines fasciculées, et, le plus souvent, des tubercules ovoïdes ou palmés, portant à la partie supérieure deux yeux ou bourgeons. D'ordinaire un seul de ces bourgeons se développe, mais s'il vient à être détruit par accident, l'autre le remplace. Le tubercule qui a parcouru son évolution annuelle, s'atrophie et meurt l'année suivante.

Les feuilles sont toujours simples, et celles des espèces du Nord sont radicales, en rosette. De leur centre s'élève une tige droite, souvent feuillée, terminée par un épi simple, rarement

Fig. 25. — Orchidée aérienne.

par une fleur solitaire (*Cypripedium*, fig. 24). Les feuilles sont de nature molle, oblongues, gladiées ou obovales, planes, à nervures parallèles convergeant seulement vers la pointe.

Dans les pays chauds, tout en conservant leurs caractères essentiels, les Orchidées changent d'aspect et de manière de vivre. Les espèces terrestres, qui sont maintenant l'exception et non la règle, ont presque toujours des tiges persistantes, fibreuses, souvent charnues, cylindriques ou renflées en forme de faux bulbes (pseudo-bulbes). Les autres, l'immense majorité, ne vivent plus dans le sol, mais tout au plus à la surface, rampant parmi les détritus végétaux ou sur les rochers couverts de mousse. Le plus souvent elles deviennent tout à fait aériennes, se fixent sur les troncs ou les branches des arbres, où partie de leurs racines s'incrustent solidement, tandis que le reste flotte dans l'air (fig. 25).

Les tubercules ont également disparu, même chez les Orchidées terrestres. Les tiges sont quelquefois molles, et les feuilles toutes radicales (*Cypripedium, Anœctochilus, Stenorynchus*); plus communément elles sont pourvues de rhizomes ou tiges rampantes, articulées, sur lesquelles se dressent à distances variables, à chaque période végétative, ces tiges de diverse structure, souvent pseudo-bulbeuses, dont nous venons de parler (fig. 26).

Les pseudo bulbes sont tantôt arrondis, piriformes, discoïdaux, oblongs, ou anguleux et irréguliers, tantôt fusiformes, très allongés, passant à la forme cylindrique, qui est aussi celle d'un groupe considérable. C'est à leur base que se trouvent les bourgeons d'où sortiront, à la pousse prochaine, une autre portion du rhizome et un autre pseudo-bulbe, ou bien encore une tige droite, feuillée, non tuberculiforme. Les bourgeons sont au nombre de deux, un de chaque côté. Souvent un seul se développe, et la plante s'allonge annuellement dans un seul sens, perdant sa plus vieille tige quand elle en a fait une nouvelle, sans prendre, par conséquent, d'extension. Si les deux yeux se développent simultanément, ce qui n'est pas rare, la plante talle et peut se multiplier. L'œil dormant à la base des tiges âgées de deux ou trois ans peut être amené à bourgeonner, mais après un certain laps de temps il s'éteint. Il y a aussi, à l'aisselle de toutes les feuilles radicales, et même de celles qui

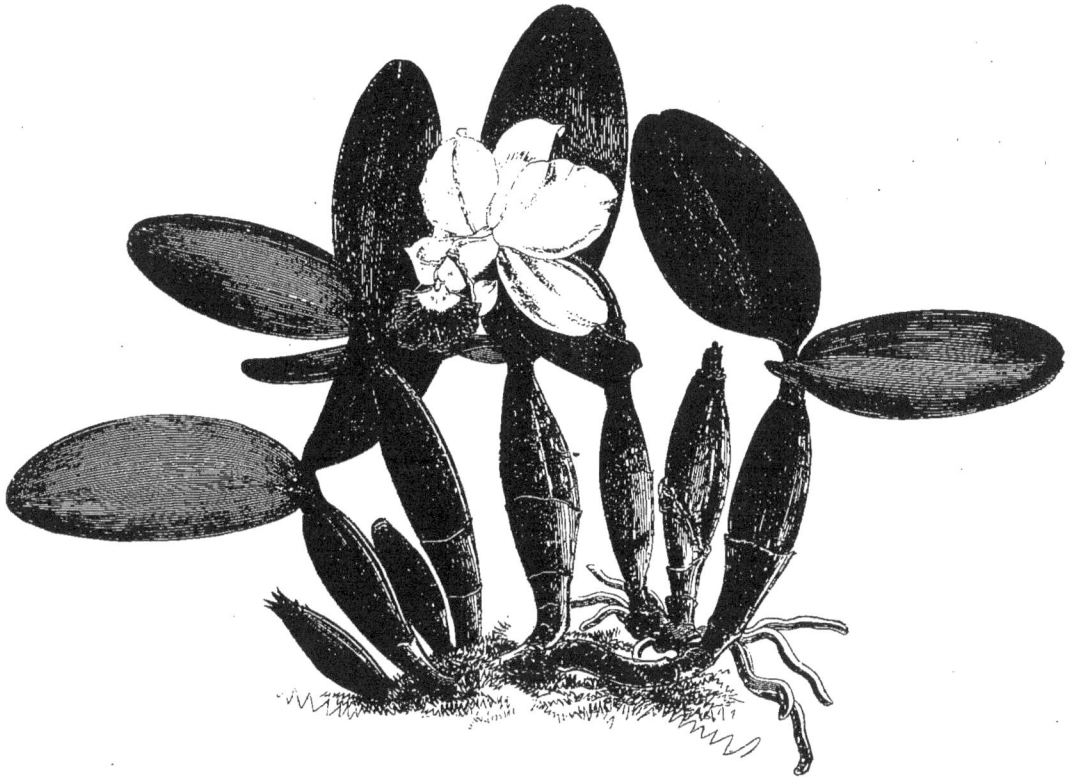

Fig. 26. — Cattleya dolosa (½ gr. nat.). [Figure empruntée au *Gardeners' Chronicle*.]

viennent au sommet des tiges (feuilles terminales), des rudiments de bourgeons qui peuvent donner naissance à de jeunes tiges dans des circonstances très favorables.

Chez certaines Orchidées tropicales, le rhizome est presque nul, et la plante forme une touffe serrée, soit de pseudo-bulbes,

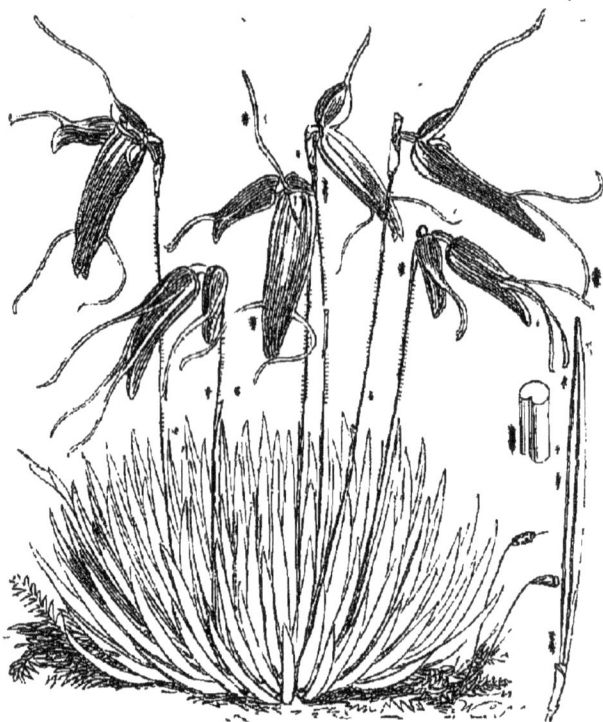

Fig. 27 et 28. — Masdevallia triaristella.

soit de tiges cylindriques à feuilles distiques et alternes (*Sobralia, Masdevallia*, etc.; fig. 27 et 28).

Les pseudo-bulbes peuvent être énormes, comme ceux des *Cyrtopodium.* Enfin, un groupe des plus importants n'a ni rhizomes ni pseudo-bulbes (Vandées vraies); ses tiges cylindriques émettent des racines, au moyen desquelles elles se cramponnent aux arbres. Les plus longues quittent la ligne verticale pour s'appuyer à droite ou à gauche et devenir demi-grimpantes (*Renanthera*), tandis que les *Vanilla*, produisant des

racines prenantes à chaque articulation et s'allongeant démesu-
rément, deviennent de véritables lianes.

Si les formes des tiges sont très diverses, même parmi les
espèces d'un seul genre, celles des feuilles ne le sont pas moins.
Dans l'ensemble elles sont toujours indivises, sessiles, à nervures parallèles, convergeant vers la pointe, ou sans nervures
apparentes ; mais sous ces traits généraux elles sont, suivant

Fig. 29. — Phalænopsis Schilleriana.

l'espèce, molles ou membraneuses, planes ou plissées, oblongues
ou arrondies ; ou bien parcheminées, coriaces, gladiées ; ou
encore charnues, succulentes, souvent d'une grande épaisseur ;
ovales, triquètres, cylindriques, en corne de bélier, etc. Elles
sont, en outre, ou radicales ou terminales au sommet des tiges
ou pseudo-bulbes, souvent l'un et l'autre à la fois, ou rangées
en deux lignes opposées tout le long d'une tige cylindrique, ou
seulement vers le sommet de cette tige.

Les feuilles sont le plus souvent vertes, mais il n'en manque pas de nuancées, de veloutées à fond purpurin, maculées, marbrées, réticulées, etc. Il serait impossible de donner une idée quelque peu complète de tous ces mille jeux de couleurs et de formes, qui sont un des charmes de la famille (fig. 29).

Les racines des Orchidées épiphytes sont d'un aspect particulier, presque toujours blanchâtres, luisantes, recouvertes d'un tissu spongieux à cellules en spirale. Leur extrémité est verdâtre et translucide, avec une enveloppe très résistante, ce qui leur est nécessaire pour cheminer et s'incruster dans les rugosités des écorces et des pierres, auxquelles elles adhèrent bientôt assez fortement pour qu'on ne puisse les en détacher sans les briser. Les racines qui ne trouvent point à se fixer flottent dans l'air, où l'on peut affirmer, *a priori*, qu'elles servent à alimenter la plante. On n'est cependant point entièrement fixé sur la question de savoir si, dans cette position, elles aspirent les gaz de l'atmosphère, ou si la pluie seule leur apporte une nourriture assimilable. Il est très probable d'ailleurs que, malgré l'existence aérienne d'une bonne partie de leurs racines, les Orchidées épiphytes se nourrissent à peu près comme les autres plantes. On peut bien les tenir vivantes pendant des mois, suspendues à un fil dans la serre, mais quelque humidité qu'il y règne, elles y périront tôt ou tard si on ne les alimente avec des arrosements très fréquents.

Les racines des Orchidées terrestres des régions chaudes (*Sobralia, Cypripedium*) ont une autre apparence : elles ne sont pas blanches et lisses, mais de teintes plus sombres et généralement velues, mais prenantes comme celles des Épiphytes, ce qui permet de croire qu'elles ne sont terrestres que dans une certaine mesure et sous des conditions spéciales.

Les racines naissent à la base des tiges ou des pseudo-bulbes, à la dernière période de leur développement, mais quelquefois aussi dès le début. Elles sont tantôt grosses et rares, ou minces et en faisceaux inextricables. Dans les espèces aériennes qui n'ont ni bulbes ni rhizomes, mais des tiges cylindriques ascendantes ou grimpantes, comme chez les vraies Vandées (fig. 30), les racines ne se produisent pas uniquement à la base des tiges, mais successivement à toutes les hauteurs où elles s'élèvent. Ces grosses racines, glabres et charnues, naissent en petit nombre à la fois, à l'opposé des feuilles. Chez les Vanilles il s'en produit en grand nombre à toutes les articulations.

LA FLEUR. — Nous arrivons maintenant à la fleur qui, seule,

Fig. 30. — Vanda suavis (1/10 gr. nat.).

à travers mille caprices de formes, de disposition et de coloration, conserve invariablement les caractères qui rattachent l'espèce au genre, et le genre à la famille. Nous devons, en conséquence, l'étudier avec plus de précision.

Cette étude n'est ni simple ni facile, même aujourd'hui que les immenses travaux de Lindley, continués par M. Reichenbach fils, y ont porté la lumière. C'est que les diverses parties de la fleur, parfaitement dépendantes du plan général, pour qui sait interpréter leurs anomalies apparentes, présentent à chaque

Fig. 31. — Stanhopea (½ gr. nat.).

instant, des soudures, des renversements, des avortements, etc.,
qui leur donnent une apparence étrangère.

En réalité, ce plan est celui des Monocotylédones en général,
sauf les modifications caractéristiques des familles.

Les inflorescences naissent de la base ou du sommet des
tiges, assez souvent aussi le long de ces tiges, à l'opposé des
feuilles. Les unes ne portent qu'une seule fleur ; d'autres sont
réunies en grappes, en épis lâches ou serrés, pauci- ou multi-

Fig. 32. — Neottia ovata.
Fleur vue de profil.

Fig. 33.
Lepanthes calodictyon.
Fleur.

Fig. 34. — Neottia ovata.
Fleur vue de face.

flores, même en énormes panicules, au nombre de plus de cent
à la fois. Il y a de ces fleurs qui, partant de là base des pseudo-
bulbes, se dirigent verticalement de haut en bas (*Stanhopea*,
Açineta (fig. 34), et parmi les autres, un grand nombre s'inclinent avec grâce et viennent, par l'allongement de la grappe,
pendre au-dessous et parfois tout autour de la plante. Il est
impossible d'ailleurs de faire comprendre avec des mots ces
infinies variations des parties pétaloïdes de la fleur, de leurs
formes, de leur mode d'insertion, etc., qui font un des charmes
de cette famille privilégiée.

L'ovaire est situé sous le périanthe; celui-ci est composé normalement de six parties, dont les trois inférieures représentent
le calice et sont, en général, pétaloïdes et à peu près sem-

blables (fig. 32 à 34). Dans quelques genres, deux de ces parties, parfois toutes les trois, se soudent et n'en font, en apparence, qu'une seule (*Cypripedium*, *Masdevallia*). La corolle est composée de trois autres parties, en général plus apparentes et plus colorées que celles du calice. Deux de ses folioles sont semblables entre elles, mais le troisième segment en diffère presque toujours notablement par les dimensions, la forme et la coloration. Cette troisième pièce de la corolle se nomme le labelle (fig. 35 et 36), et c'est sur elle que brillent les couleurs les plus vives et les dessins les plus variés. Il en est cependant quelquefois tout autrement: le labelle peut être réduit à de très faibles dimensions et à une teinte uniforme. La base du labelle se soude souvent avec la colonne, et l'enveloppe en partie ; elle porte à l'intérieur une sorte de crête, affectant diverses formes, et à l'extérieur, dans certains genres, une protubérance qui s'allonge parfois en un éperon plus ou moins long, très long même, comme dans l'*Angræcum sesquipedale* (fig. 37).

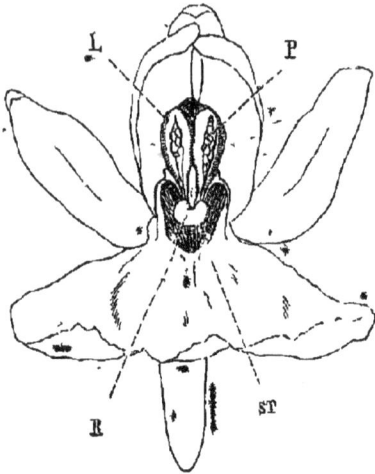

Fig. 35. — Orchis. — Fleur sans l'ovaire.
ST, stigmate. — R, rétinacle.
L, loge anthérique. — P, masse pollinique.

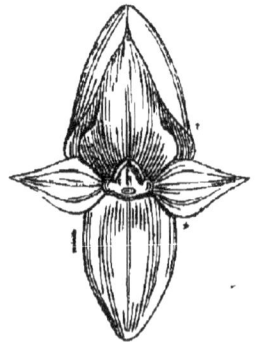

Fig. 36. — Malaxis paludosa.
Fleur vue de face, montrant la labelle dans sa position normale.

Le centre de la fleur est occupé par un corps plus ou moins allongé, gros, à peu près cylindrique ou faiblement déprimé, et qui est formé de la réunion des organes reproducteurs intimement soudés par leurs supports. On le nomme colonne ou gynostème (fig. 38). Les étamines sont, normalement, au nombre de trois, dont deux avortent et ne sont qu'indiquées, tandis que la médiane est pourvue d'une anthère fertile. Cependant, dans le genre *Cypripedium*, c'est l'étamine centrale qui avorte et les deux autres qui se

Fig. 37 — Angræcum sesquipedale (¹/₁₅ gr. nat.).

développent (fig. 39), tandis que chez les *Uropedium*, qui leur tiennent de très près, les trois étamines sont fertiles. On cite

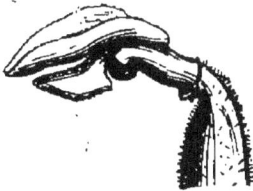

Fig. 38.
Cypripedium. Gynostème vu de profil.

Fig. 39.
Miltonia. Graine germante.

enfin une Orchidée asiatique, l'*Arundina pentandra*, qui montre, à côté de trois étamines fertiles, les rudiments de deux autres étamines.

L'anthère est placée à l'extrémité supérieure du gynostème,

dans une loge (clinandre), recouverte d'une partie libre qui se détache au moindre effort. Quand cette sorte de couvercle est enlevée, on y distingue les pollinies ou masses polliniques (fig. 40) réunies par deux, quatre ou huit, et formées de l'ag

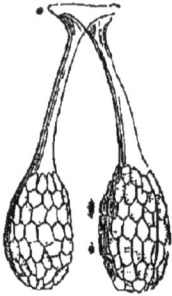

Fig. 40. — Orchis.
Masses
polliniques et rétinacle.

Fig. 41. — Epidendrum.
Anthères sans
les masses polliniques.

Fig. 42 et 43.
Epidendrum. Masses
polliniques.

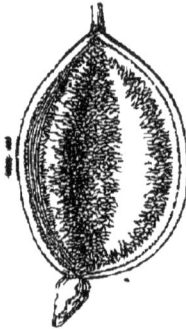

Fig. 44. — Pleurothallis clausa.
Fruit déhiscent.

Fig. 45. — Fernandezia acuta
Fruit déhiscent.

Fig. 46. — Angræcum.
Fruit déhiscent
univalve.

Fig. 47. — Orchis.
Fruit déhiscent laissant en
place les 3 nervures médianes
des carpelles.

glomération des grains de pollen, en masses presque toujours cireuses.

La cavité stigmatique, l'organe récepteur, est située sous le gynostème et vers son extrémité supérieure. Elle est enduite

Fig. 48. — Leptotes bicolor.
Fruit déhiscent montrant les 3 nervures médianes des carpelles rejetées de côté.

Fig. 49. — Vanille.
Coupe transversale du fruit.

Fig. 50.
Leptotes bicolor.
Diagramme du fruit.

Fig. 52.
Fernandezia acuta.
Diagramme du fruit.

Fig. 53.
Pleurotallis clausa.
Diagramme du fruit.

Fig. 54.
Angræcum.
Diagramme du fruit.

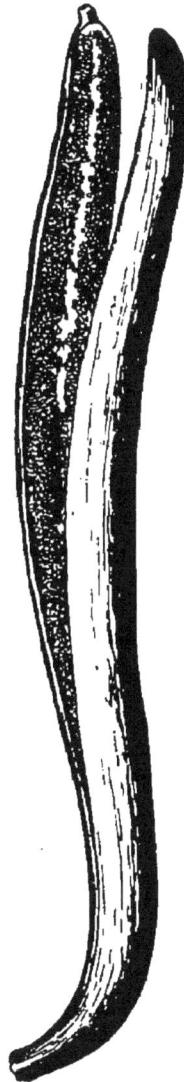

Fig. 51. — Vanille.
Fruit déhiscent.

d'une exsudation visqueuse qui fait adhérer les pollinies lorsqu'elles viennent en contact, et la fécondation s'opère sans que la désagrégation de la masse staminale soit nécessaire (fig. 41

3

à 43[1]). Il est très intéressant, à ce propos, de remarquer les singulières précautions que la nature semble avoir prises pour
rendre cette fécondation difficile. D'abord c'est le couvercle de

Fig. 55. — Miltonia.
Graine germante.

la loge anthérique, qui ne se détache que par
un secours étranger; ensuite la position du
stigmate, qui ne permet pas aux pollinies d'y
tomber d'elles-mêmes. La fécondation des Orchidées ne peut donc guère se faire, dans nos
serres, que par les soins du cultivateur, et
dans la nature même, il est probable qu'elle
ne s'opère qu'avec l'intervention des insectes.

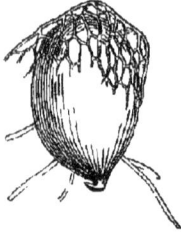

Le fruit des Orchidées a la forme d'une capsule ordinairement
membraneuse (fig. 44 à 47), charnue dans les Vanilles et les
Leptotes (fig. 48), ordinairement
ovoïde ou oblongue, très longue dans
les Vanilles, s'ouvrant longitudinale-
ment en six segments (fig. 49 à 54).
Il renferme une quantité considérable
de graines très menues, que l'on
compare à des grains de poussière,
dépourvues de périsperme et d'une
organisation des plus simples (fig. 55
à 58).

Fig. 57. — Orchis.
Graine.

Nous ne parlons ici de la fleur
qu'au point de vue anatomique ou
organographique. Comme elle constitue le grand mérite de cette famille, nous aurons l'occasion d'y

Fig. 56.
Epidendrum.
Fruit déhiscent.

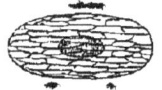

Fig. 58.
Pleurothallis.
Graine germante.

revenir dans tous les développements de cet ouvrage. Notons
seulement ici deux traits généraux :

A part un petit nombre de genres (*Stanhopea, Coryanthes,
Sobralia*) et quelques espèces prises çà et là, les Orchidées sont
au nombre des plantes dont les fleurs durent le plus longtemps.

---

[1] Ces figures sont empruntées à l'excellent *Traité de Botanique* de MM. le Professeur DECAISNE et LE MAOUT. (Paris. Didot, éditeurs.)

La plupart se conservent en bon état pendant plusieurs semaines, surtout en lieu sec et un peu frais, et il n'en manque pas dont la floraison se prolonge sans altération, dans toute sa fraîcheur, pendant deux, trois mois et plus (*Epidendrum vitellinum*, divers *Barkeria*, *Brassia Wrayœ*, *Calanthe vestita*, *Cypripedium Lowi*, etc.).

Beaucoup d'Orchidées sont odorantes et quelques-unes répandent des parfums d'une grande finesse, tandis que d'autres ont des odeurs épicées très développées. C'est ordinairement vers le milieu du jour que ces senteurs ont toute leur énergie, surtout quand le soleil donne. Une seule grappe de quelque sombre et triste *Epidendrum* suffit pour parfumer une grande serre ; mais le même mérite se retrouve dans des fleurs de premier ordre : *Aerides*, *Cattleya*, *Lælia*, *Odontoglossum*, *Oncidium*, *Stanhopea*, *Zygopetalum*, *Vanda*, etc.

CLASSIFICATION, BOTANIQUE. — La famille des Orchidées est d'une telle étendue, qu'il était nécessaire, pour l'étude et la détermination des espèces, d'y pratiquer quelques coupes. L'illustre Lindley est parvenu à la diviser en sept tribus distinctes, et ses vues ont été admises par la science. Nous allons donner une idée succincte de cet immense travail :

Première tribu. MALAXIDÉES. — Anthère terminale. Masses polliniques en nombre défini, sans tissu cellulaire interposé entre elles et le stigmate. Plantes épiphytes, rarement terrestres. Ordinairement pourvues de pseudo-bulbes.

Genres cultivés : *Pleurothallis*, *Restrepia*, *Dendrochilum*, *Cœlogyne*, *Cœlia*, *Megaclinium*, *Bolbophyllum*, *Cirrhopetalum*, *Eria*, *Dendrobium*, etc. (fig. 59). Environ cinquante genres. Les *Dendrobium* seuls comptent plus de cent cinquante espèces.

Deuxième tribu. ÉPIDENDRÉES. — Anthère terminale. Pollinies en nombre défini. Tissu cellulaire développé à la base de l'étamine en filaments élastiques de diverses formes. Pas de glande particulière. Plantes la plupart épiphytes, rarement terrestres, pourvues de pseudo-bulbes ou tout à fait caulescentes. Racines rarement charnues et lobées.

Genres cultivés : *Barkeria, Blêtia, Brassavola, Cattleya. Epidendrum, Hartwegia, Isochilus, Lœlia* (fig. 60), *Phajus, Schomburgkia, etc.*

Cinquante genres. Les *Epidendrum* ont de trois à quatre cents espèces ; les *Cattleya* guère moins d'une centaine. Les *Lœlia* sont aussi très nombreux.

Troisième tribu. VANDÉES. — Anthère terminale ou plus

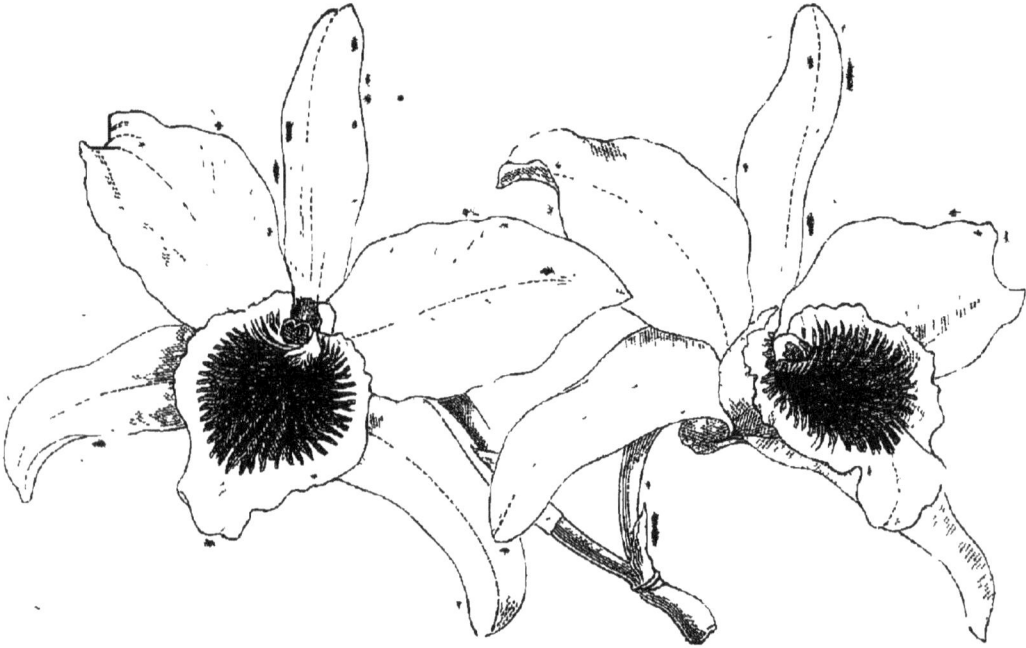

Fig. 59. — Dendrobium Ainsworthi (d'après le *Gardeners' Chronicle*).

rarement dorsale (adhérente au gynostème par sa partie postérieure). Masses polliniques en nombre défini, adhérentes, au moment de la fécondation, à une caudicule élastique et à une glande stigmatique. Plantes épiphytes, plus rarement terrestres ; celles d'Amérique pourvues la plupart de pseudo-bulbes ; celles d'Asie plus habituellement caulescentes.

Genres cultivés : *Aspasia, Anguloa, Angræcum, Aerides, Bifrenaria, Brassia, Calanthe, Chysis, Cymbidium, Catasetum, Cychnoches, Coryanthes, Cyrtochylum, Govenia, Gongora, Ionopsis, Maxillaria, Masdevallia, Macradenia, Miltonia, Notylia,*

Odontoglossum (fig. 61 et 62), *Oncidium* (fig. 63), *Peristeria*, *Renanthera*, *Saccolabium*, *Stanhopea*, *Sarcochilus*, *Trichopilia*, *Vanda*, etc. (fig. 64).

Cette tribu est la plus considérable à tous égards. Les *Onci-*

Fig. 60. — Lælia Jonghcana. (Cattleya minas, Cattleya dolosa).

dium ont plus de deux cents espèces, et plusieurs autres genres comptent parmi les plus riches et les plus beaux de la famille.

Quatrième tribu. OPHRYDÉES. — Anthère terminale dressée. Pollen se décomposant en un nombre indéfini de petites masses, toutes réunies en deux masses principales, agglutinées par un axe de tissu cellulaire arachnoïde à la glande du stigmate. Plantes toutes terrestres, à racines tubériformes.

Genres principaux : *Orchis, Ophrys, Bonatea, Disa, Habenaria, Satyrium, Serapias* et beaucoup de genres européens (fig. 66).

Fig. 61 et 62. Odontoglossum nebulosum candidulum.

Les Ophrydées sont peu nombreuses et de peu de valeur, sauf les *Disa* et un peu les *Satyrium*.

Cinquième tribu. NÉOTTIÉES. — Anthère parallèle au stigmate, persistante, à loges rapprochées. Pollen pulvérulent, dont les grains sont lâchement unis par un tissu cellulaire presque imperceptible, qui les rattache à la glande du stigmate. Plantes terrestres, acaules ou plus rarement caulescentes ; à racines simplement fibreuses ou fasciculées, quelquefois tubéreuses ou bulbeuses.

Genres principaux : *Neottia, Anœctochilus, Physurus, Goodyera, Spiranthes, Epipactis, Orthoceras.*

Fig. 63. — Oncidium microchilum (Funckii)

Cinquante genres de peu d'intérêt, sauf le groupe à feuilles ornées des *Anœctochilus.*

Sixième tribu. ARÉTHUSÉES. — Anthère terminale. Masses polliniques déliées et pulvérulentes, en nombre indéfini, formant des corpuscules anguleux reliés les uns aux autres par des filaments cellulaires ténus. Plantes terrestres, acaules ou caulescentes, à racines fibreuses ou bulbeuses.

Genres principaux : *Arethusa*, *Calopogon*, *Cephalanthera*, *Limodorum*, *Pogonia*, *Sobralia*, *Vanilla*.

Cinquante genres peu intéressants, sauf *Sobralia* et *Vanilla*.

Septième tribu. CYPRIPÉDIÉES. — Anthère intermédiaire

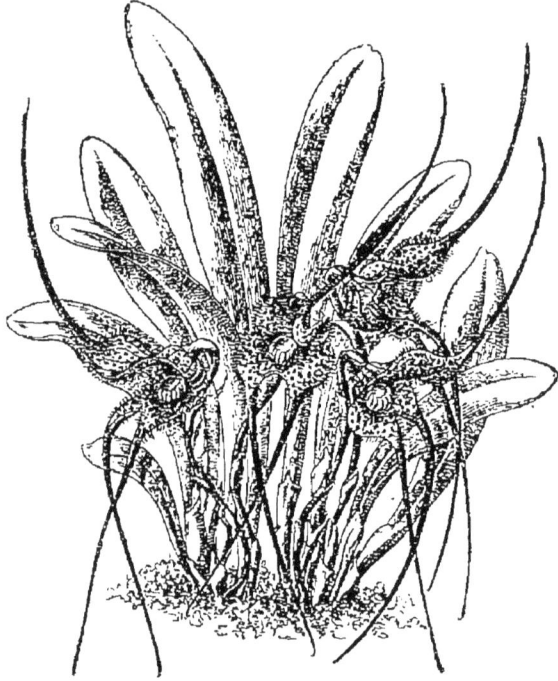

Fig. 64. — Masdevallia Chimæra (1/2 gr. nat.).

stérile et transformée en pétale. Les deux anthères latérales développées et pollinifères. Plantes la plupart terrestres.

Genres : *Cypripedium*, *Uropedium*.

Deux genres seulement, en considérant les *Selenipedium* comme une section des *Cypripedium* (fig. 66 [1]).

Les *Cypripedium* sont nombreux et fort beaux.

[1] Nous avons fait figurer dans le courant de cette publication une série d'excellents dessins, que nous devons à la grande obligeance du savant Dᵣ MASTERS, du *Gardeners' Chronicle*.

Le professeur Reichenbach fils, le collaborateur autrefois, aujourd'hui le continuateur de Lindley, tout en adoptant l'ensemble de ses vues, a eu le courage de réviser les quatre mille espèces déjà décrites et de les répartir plus rigoureusement entre les genres créés, parmi lesquels, d'ailleurs, il a opéré des remaniements et des suppressions d'une grande importance. Ainsi, pour en donner une idée, les *Lælia* sont devenus pour lui des *Bletia*, les *Cattleya* des *Epidendrum*, les *Brassia* des *Oncidium*, etc.

Fig. 65. — Orchis. Fleur

Quelques-unes de ces réformes, celles qui portaient surtout sur des genres peu cultivés, ont passé sans peine; mais personne n'a pu s'habituer à voir des genres favoris, l'honneur de nos cultures, disparaître tristement dans le chaos des *Epidendrum* ou parmi la tourbe plébéienne des *Bletia*. Les meilleures raisons de science pure ne peuvent dissocier ce qui se tient par mille liens apparents, ni faire disparaître des groupes que l'œil croit reconnaître à cha-

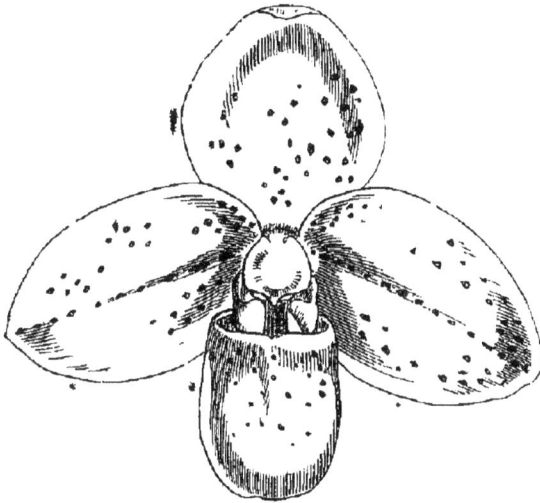

Fig. 66. — Cypripedium concolor.

que occasion. Sachons gré aux réformateurs qui luttent péniblement pour l'honneur de la science, mais demandons à la science de transiger, tout en faisant des réserves, avec des habitudes indestructibles et des nécessités commerciales.

VARIABILITÉ DES ESPÈCES. — Nous demandons pardon à nos

aimables lectrices de tant de grec et de toute cette science
d'emprunt. C'est le côté faible de notre langue de se refuser à la
composition des mots et à l'adoption d'expressions nouvelles
nécessitées à chaque instant par le progrès des sciences. Nous
n'avons pour ressource que le latin et le grec, et nous n'en
sommes pas toujours plus clairs après cela.

Il faut bien, cependant, parvenir à s'entendre, et quand on se
trouve en présence de quatre mille espèces d'une seule famille,
rien ne peut dispenser de leur donner à chacune un nom et un
prénom, ou, sans métaphore, un nom de genre et un nom d'espèce. Hors de là, tout est confusion. Puis ces genres, à leur
tour, il faut les grouper en tribus, caractérisées par quelques
traits communs, sinon toute plante nouvelle exigerait, pour sa
détermination, un travail herculéen. Louée soit donc la botanique, qui met l'ordre et la lumière dans l'inextricable dédale
des espèces végétales.

Ce n'est pas tout : les Orchidées, déjà si nombreuses, jouissent
d'un privilège rare dans le monde végétal, celui de produire
spontanément, dans leur milieu natal, des variétés, voire même
des hybrides. Il y a telles espèces, comme le *Lycaste Skinneri*, le
Cattleya Mossiae, des *Dendrobium*, des *Odontoglossum* (fig. 67)
etc., dont on ne trouve presque jamais deux individus semblables
de tous points, parmi des centaines et des milliers de sujets. Et
dans cette multitude de variétés il y a des formes assez accu-
sées et assez persistantes pour qu'on ait pu les considérer
comme de véritables espèces. Qu'est-ce, par exemple, que ce
Cattleya Mossiae cité plus haut, sinon une forme localisée du
C. labiata? Qu'est-ce que les *C. Trianae, C. Warscewiczii*, sinon
d'autres formes du *C. Mossiae?* D'autre part, des espèces classées tiennent si parfaitement le milieu entre deux autres, qu'on
les considère comme des hybrides naturels (*Odontoglossum Andersonii*).

Maintenant le jardinage commence à s'emparer de cette
mutabilité des formes et des couleurs. Quoique difficiles et surtout bien lents et incertains, la fécondation et le croisement des

Orchidées se pratiquent et donnent des résultats. Des variétés jardiniques viennent donc et viendront de plus en plus s'ajouter aux variétés naturelles. Les genres même se croisent, et des hybrides remarquables sont sortis de fécondations opérées dans les serres (*Calanthe Veitchii*, de *Limatodes rosea* × *Calanthe vestita* ; *Cattleya exoniensis*, de *Cattl. Mossiae* × *Lælia purpu-*

Fig. 67. — Odontoglossum grande (¹/₁₆ gr. nat.).

rata ; *Phajus irroratus*, de *Phajus grandifolius* × *Calanthe vestita*, etc.). Voilà l'existence de certains genres mise en suspicion.

M. Rœzl dit avoir récemment découvert au Mexique un *Odontoglossum* à fleurs doubles, unique parmi des centaines d'autres à fleurs simples. Il doit être vivant en Europe. Qu'en sera-t-il ? Verrons-nous aussi quelque jour les Orchidées à fleurs pleines faire une regrettable concurrence à ces beautés naïves, si séduisantes dans leur simplicité ?

Un jour, Ach. Richard, herborisant aux environs de Paris, découvre sur un *Orchis* une fleur régularisée accidentellement, ayant six pétales égaux et semblables, trois étamines et un stigmate normal. Il n'en fallait pas tant pour faire naître l'idée que les Orchidées ne seraient que des Iridées métamorphosées par une série de soudures et d'avortements de parties essentielles.

C'est en effet auprès des Iridées, des Zingibéracées, des Scitaminées, des Broméliacées, que se range la famille des Orchidées.

Qu'un groupe naturel de plantes produise des variétés ou, par métamorphose d'organes, des fleurs doubles, c'est là un fait qui n'étonnera personne ; que des espèces et même des genres se croisent entr'eux et donnent des hybrides, c'est à la botanique de voir si ces espèces et ces genres ne sont pas purement artificiels ; mais les singularités des Orchidées ne s'arrêtent point là. Une espèce de Bornéo, le *Vanda Lowii* Lindl. (*Renanthera Lowii* Reichb., voir planche 46), montre invariablement, sur la même grappe, deux sortes de fleurs notablement différentes de taille, de forme et de couleur. Les deux fleurs de la base sont les plus grandes ; leur couleur est jaune orangé, avec quelques taches d'un rouge brun. A quelques centimètres plus haut (la hampe peut s'élever jusqu'à 3 ou 4 mètres) commence une autre série de fleurs jaunes fortement barrées et maculées de pourpre. Les unes et les autres ne se mêlent jamais.

On a comparé cet étrange dimorphisme à celui que présentent les fleurs du *Cytisus Adami*. Ce serait un hybridisme incomplet, où la dissociation des formes aurait une constance inexplicable.

Voici d'autres cas où la confusion des types est tout aussi embarrassante.

Le genre américain *Catasetum* L. Cl. Rich. avait pour voisin les *Myanthus* et les *Monacanthus* de Lindley, qui s'en distinguaient fort nettement en apparence. Mais voilà qu'un jour Schomburgk découvre à la Guyane un pied fleuri portant sur la même hampe six fleurs de *Monacanthus viridis* et deux de

Myanthus barbatus. Ailleurs, dans une serre d'Angleterre, un pied de *Monacanthus viridis*, après avoir fleuri sous sa forme normale, produit deux mois plus tard une hampe de *Catasetum tridentatum*. D'autres faits étant venus s'ajouter à ceux-ci, l'identité des *Myanthus* et des *Monacanthus* avec les *Catasetum* ne pouvait plus être contestée; il fallut supprimer les deux premiers genres. Les *Mormodes* ont-ils une existence mieux assurée ?

Un polymorphisme floral tout semblable s'est manifesté dans un genre rapproché des précédents, le *Cychnoches*, dont une plante vigoureuse a porté, aux deux côtés du même pseudo-bulbe, deux hampes, l'une de fleurs du *Cyc. Loddigesii*, à odeur de vanille, l'autre de *Cyc. cucullatum*, inodores. Un autre *Cychnoches* a porté simultanément deux inflorescences entière-ment dissemblables, l'une de *Cyc. ventricosum*, l'autre de *Cyc. Egertonianum*. Des phénomènes de dimorphisme ont été signalés chez des *Vanda*, des *Ionopsis*, des *Oncidium*, des *Odontoglossum*. En voici un nouveau que nous avons sous les yeux en écrivant : un *Odontoglossum*, étiqueté *epidendroides*, avait, il y a deux ans, donné des fleurs d'*Od. Lindleyanum*. Il se reposa en 1875, mais au printemps de 1876 il produisit deux hampes érigées de grandes et belles fleurs, bien étoffées, d'une couleur gaie, passant du vert tendre au jaune clair, avec de grosses macules d'un brun chaud! A peine cette floraison était-elle ter-minée, que six nouvelles inflorescences parurent à la fois; mais à notre grand désappointement, ce furent de nouveau et sans exception des fleurs de *Lindleyanum* qui s'épanouirent. Elles étaient moins grandes de moitié, à pétales et sépales étroits, jaune mat avec des macules de nuance terne. Les hampes étaient inclinées et non droites, et l'ensemble maigre et insignifiant.

Toutes les étamines, sans exception, étaient avortées.

Presque toutes les parties de la plante sont sujettes à des métamorphoses accidentelles. Nous avons cultivé un *Ornithi-dium miniatum* qui, de pseudo-bulbeux, était devenu caulescent, à tige cylindrique déprimée, garnie de feuilles serrées, distiques et engainantes. Un *Gomeza recurva* R. Br., cultivé chez Galeotti à Bruxelles, portait à la base de chaque pédicelle une grande bractée jaunâtre, plus longue que la fleur, qui lui donnait l'aspect d'une nouvelle et curieuse espèce. A la floraison suivante, les bractées avaient disparu et ne se sont plus revues.

Parlerons-nous, après cela, des turions qui naissent à la place des boutons à fleurs ou simultanément, sur la tige de certains *Dendrobium* et qui servent à les multiplier, ou des plantules qui prennent la place des fleurs sur les hampes florales du *Phalænopsis Lüddemanniana* et de quelques autres ?

Un *Leptotes bicolor*, jolie petite espèce à fleurs inodores, ayant voyagé dans un même panier avec un *Lælia crispa*, également fleuri, avait pris dans le voyage une odeur assez semblable à celle du *Lælia*, et la conserva toute la soirée, quoique tenu dans une autre pièce. Le lendemain, l'odeur avait disparu, et pour toujours. Etait-ce une simple imprégnation ? Mais d'autres plantes de divers genres, sortant du même emballage, ne sentaient rien.

Au moment où nous écrivons ceci, nous avons en fleurs un *Odontoglossum Uro-skinneri*, qui développe successivement une vingtaine de fleurs, dont une seule a son grand labelle mauve très nettement et très brillamment bordé de pourpre vif, tandis que dans une autre ce labelle a pris une teinte intermédiaire entre le mauve et le pourpre.

Ne dirait-on pas, à voir la variabilité de certaines parties caractéristiques, même des organes les plus essentiels, que cette famille est une création récente, qui n'a pas encore pris son assiette définitive ?

CHAPITRE III.

LES ORCHIDÉES D'EUROPE. — Répandues dans presque toutes les parties du monde habitable, les Orchidées ne sont pas, à beaucoup près, régulièrement réparties entre les différentes régions. Notre Europe, en particulier, ne brille ni par le nombre ni par la beauté de ses espèces propres, et celles-ci n'y sont représentées, à très peu d'exceptions près, que par un nombre de sujets assez restreint. Sur quatre mille espèces décrites, nous en pouvons revendiquer une soixantaine, toutes terrestres, et toutes aussi à fleurs petites ou très petites, de couleurs le plus souvent assez sombres. Tout au plus jolies, aucune d'elles ne peut rivaliser avec les belles espèces exotiques.

On est tenté, au premier abord, d'attribuer cette pauvreté relative aux rigueurs du climat, l'Europe n'atteignant nulle part aux tropiques, et s'étendant, au contraire, jusqu'à la zone glaciale; mais cette explication ne suffit pas quand on considère les espèces nord-américaines et sibériennes. Les *Cypripedium macranthum, humile, spectabile*, etc., de ces régions laissent loin derrière eux notre modeste *Cypripedium Calceolus* (fig. 69).

Les Orchidées d'Europe et du Nord en général sont toutes

des herbes à racines fibreuses, simples et à tiges annuelles. Elles sont vivaces par les griffes ou tubercules souterrains, arrondis ou palmés, que la plupart portent à la base de leurs tiges (fig. 70).

Bien moins belles que celles des pays chauds, les Orchidées d'Europe sont tout aussi curieuses et non moins dignes d'intérêt. On les rencontre dans des stations assez diverses ; en général, dans des lieux un peu couverts, humides, au sol tourbeux ou spongieux, résultant d'un sous-sol peu perméable. Il y en a de tout à fait aquatiques. Mais il s'en trouve aussi qui, par exception, recherchent les prairies argileuses, les collines et le soleil.

Fig. 69. — Cypripedium Calceolus (¹/₃ gr. nat.)

Le genre *Orchis* est celui qui offre le plus grand nombre d'espèces et les plus répandues. Plusieurs mériteraient une place moins rare dans nos jardins, là du moins où l'on peut leur trouver, sinon leur créer un sol et des conditions atmosphériques convenables. L'*Orchis maculata*, la plus jolie, est aussi celle qui fleurit le mieux dans les jardins (fig. 73).

Viennent ensuite les *Ophrys*, moins communs, à fleurs très petites et de couleurs brunes ou sans éclat, mais si bizarres que même les Épiphytes intertropicales ne les surpassent point en étrangeté. C'est l'*Ophrys myodes* (fig. 77), dont les fleurs brunes et velues imitent à s'y méprendre une mouche cramponnée à la verdure ; l'*Ophrys apifera* (fig. 79), où l'on croit reconnaître une sorte d'abeille ; l'*Ophrys aranifera* (fig. 84), où l'on cherche une forme d'araignée ; enfin l'*Ophrys anthropophora* (fig. 85),

dans laquelle l'imagination, une fois en jeu, a trouvé la figure
d'un homme-pendu.

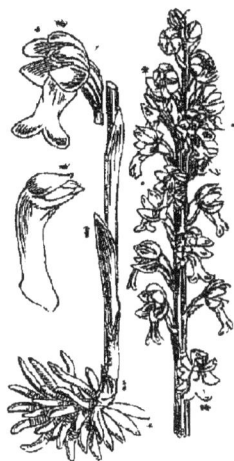

Fig. 70 à 72. — Neottia nidus-avis.

Fig. 73 à 76. — Orchis maculata.

Les limites entre les genres *Orchis* et *Ophrys* ne sont pas

Fig. 77 et 78. — Ophrys myodes.

Fig. 79 à 88. — Ophrys apifera.

bien nettes. Le classement des autres Orchidées d'Europe a
aussi donné lieu à bien des hésitations, et l'on a créé, pour les
distinguer, une foule de genres, admis par les uns, rejetés par

4

les autres, et dont la plupart n'ont certainement pas de raison
d'être : *Serapias, Epipactis* (fig. 86), *Neottia, Malaxis, Limodorum, Cymbidium, Cypripedium,
Satyrium, Habenaria, Spiranthes,
Gymnadenia, Loroglossum, Cephalanthera* (fig. 91), *Corallorhiza* (fig.
94), *Anacamptis, Platanthera, Hy-*

Fig. 84. — Ophrys aranifera.   Fig. 85. — Ophrys Anthropophora (Aceras).

mantoglossum, Peristylus, Epipogium (fig. 97), *Nephelaphyllum,
Listera* (fig. 102), *Nigritella, Aceras, Herminium, Liparis* (fig.

106), *Sturmia*. En voilà vingt-cinq, et nous ne sommes nullement sûr de n'en pas omettre.

Fig. 86 à 90. — Epipactis palustris.

Fig. 91 à 93. — Cephalanthera grandiflora.

En réalité, les soixante espèces d'Europe se classent sans

Fig. 94 à 96. — Corallorhiza innata.

Fig. 97 à 101. — Epipogium aphyllum.

trop de peine dans les dix ou douze premiers genres cités et dans un très petit nombre d'autres.

L'importance horticole des Orchidées d'Europe est, nous

l'avons dit, à peu près nulle. Cependant elles ont aussi quelques admirateurs, et il s'en rencontre, quoique bien rarement, des collections spéciales. Ces collections durent peu, sont sujettes à bien des mécomptes, et exigent certainement plus de soins et de patience intelligente que les plus belles serres d'Orchidées américaines ou même indiennes.

LES ORCHIDÉES EXOTIQUES. GÉNÉRALITÉS. ⚊ On cite bien peu d'*espèces* d'Orchidées qui seraient communes à l'ancien monde

Fig. 102 à 105. — Listera ovata.   Fig. 106 à 108. — Liparis Lœselii.

et au nouveau. Le *Cypripedium Calceolus* a été trouvé, dit on, dans le nord de l'Amérique ; n'est-ce pas une forme du *Cypripedium pubescens* qui a usurpé ce nom ? Le *Cypripedium guttatum* appartiendrait à la fois au Canada et à la Sibérie. Ce fait à peu près unique n'infirme guère cette règle de la séparation complète des *espèces* entre les deux mondes.

Il n'en est plus de même quant aux *genres*, qui sont représentés, quoique assez rarement, dans l'un et l'autre hémisphère ; mais un fait jusqu'ici incontestable, c'est qu'il n'y a aucun genre de cette immense famille qui se retrouve, n'importe sous quelle forme spéciale, à la fois dans les cinq parties du monde. Les

Cypripedium, dont l'aire de dispersion est immense, qui habitent à la fois l'Europe, l'Asie, l'Amérique Nord et Sud, ainsi que l'archipel malais, le Japon et les Philippines, paraissent manquer à l'Afrique et à l'Australie. Le genre *Dendrobium* (fig. 109) est commun à l'Asie tropicale et à toutes les grandes îles de l'océan Indien, aux Philippines, au Japon, aux grandes îles de la Mélanésie et à la Nouvelle Hollande. Il n'existe, en revanche, ni en Europe, ni en Amérique, ni en Afrique. Les *Calanthe*, qui sont étrangers à l'Europe, ont une espèce très douteuse au Mexique; une autre au moins à Natal et à Bourbon, et atteignent le Japon et l'Australie. Les *Vanda*, les *Aerides*, ont à peu près la même patrie asiatique et insulaire que les *Dendrobium*, moins l'Australie. Les *Phalœnopsis* occupent, avec un même centre, une aire encore plus limitée. En revanche, les *Vanilla*, qui n'ont que très peu d'espèces, existent à la fois en Amérique et en Asie. Les *Epidendrum*, qui comptent de trois à quatre cents espèces, groupées sous plusieurs formes typiques bien caractérisées, sont cependant exclusivement propres à l'Amérique. Il en est de même de leurs brillants alliés, les *Cattleya* et les *Lœlia*.

Le groupe si considérable des *Oncidium*, des *Odontoglossum*, des *Miltonia*, etc., que des affinités botaniques rattachent aux Vandées d'Asie, n'en est pas moins exclusivement américain, avec les *Lycaste*, les *Maxillaria*, les *Masdevallia*, les *Brassavola*, les *Zygopetalum* et bien d'autres. En revanche, les *Bletia* d'Amérique ont des congénères à la Chine et au Japon. Les *Angrœcum* s'étendent surtout au sud de l'équateur, depuis la côte occidentale d'Afrique, Madagascar, l'île Bourbon et l'Inde, en remontant jusqu'au Japon, mais sans aborder l'Amérique. Le genre *Disa* ne se trouve qu'à la pointe sud de l'Afrique. Les petites îles de la mer Pacifique (fig. 110) renferment quelques Orchidées qui dérivent de la flore asiatique ou malaise, et point de celle d'Amérique. La flore des Antilles dépend, au contraire, exclusivement du continent voisin.

Cet enchevêtrement apparent, à côté de l'étroite localisation de certains genres, n'offre, au premier abord, aucun sens.

Fig. 109. Dendrobium tortile (figure empruntée au *Gardeners' Chronicle*.)

Cependant un examen plus attentif suggère cette singulière idée,
que les races d'Orchidées s'étendraient en avançant de l'ouest à

l'est, à l'inverse des races humaines, qui ont toujours progressé de l'est à l'ouest. Les *Angræcum* de l'Afrique n'ont aucun représentant en Amérique, mais à l'est ils s'étendent, à travers le continent, à Madagascar, à Bourbon, et de là d'un seul saut au Japon. Les *Epidendrum*, les *Oncidium*, les *Cattleya* de la

Fig. 110. — Pic de Moorea (Polynésie).

flore américaine vont aux Antilles, à l'est ; à l'ouest, nulle part. Les *Cypripedium* passent des montagnes rocheuses et du Canada à la Sibérie, mais non à la Californie ou à l'Orégon.

Entre l'Amérique méridionale, le plus isolé des continents, et le vieux monde, les rapprochements doivent être très rares et le sont en effet. Peut-être même ceux que l'on constate ne sont-ils pas indiscutables. Les *Selenipedium* sont devenus botaniquement des *Cypripedium;* ils ne se distinguent pas moins, au premier coup d'œil, des autres sections du genre. Les *Vanilla* sans feuilles et à grandes fleurs de la Malaisie ne ressemblent guère à leurs congénères aromatiques du Nouveau-Monde. Le *Bletia hyacinthina* de la Chine et du Japon a reçu quatre ou cinq noms avant d'être admis dans le genre américain *Bletia*. Il faut bien admettre que les flores continentales et régionales ont apparu à des époques successives en concordance avec les grands phénomènes géologiques, et que l'Amérique, émergée la dernière (?), isolée partout du monde ancien, ne s'en rapprochant que par les déserts de glace de l'extrême nord, n'a pu emprunter à celui-ci qu'une minime partie de son mobilier végétal. Comment révoquer en doute cependant une intime parenté organique entre les *Cypripedium* du Canada et ceux de la Sibérie, deux régions assez analogues par le climat, mais que séparent deux mille lieues de mers et de glaces? Comment admettre, d'autre part, que les uns dérivent des autres malgré les obstacles de la nature et les différences spécifiques? Nous touchons ici à de graves problèmes, tels que la valeur réelle du *genre* ou la mutabilité de l'*espèce*.

Si l'espèce est immuable, chacune est une création à part, sans parenté quelconque avec aucune autre ni avec le genre qui les renferme toutes. Elle existe par elle-même ; il n'y a que des ressemblances. A ce compte, toute méthode est artificielle ; le *genre* n'est qu'un terme de convention ; la *famille* est surtout une expression impropre.

Certes, on peut être en désaccord à propos de la nécessité ou de l'utilité de certains genres, ainsi que sur les limites qu'on leur assigne. Peu importe, au point de vue philosophique, que tel *Lælia* soit un *Cattleya* ou que tous les deux soient des *Epidendrum;* mais il y a des genres si nettement caractérisés et tellement bien délimités, que leur existence naturelle s'impose à l'esprit ; les *Cypripedium*, par exemple, les *Masdevallia* et d'autres. Si cependant ces genres existent naturellement, on ne peut leur refuser la préexistence, n'importe sous quelle forme typique, et les espèces ne sont que dérivées.

De même pour la famille : quoi de plus naturel que celle des
Orchidées ? Mais comment expliquer, sans recourir à ce triste
mot de caprice, l'apparente stérilité de la Création qui aurait
varié quatre mille, six mille fois sur le même thème, sans qu'un
seul de ces six mille types procédât d'un autre ou pût en pro-
créer un différent de lui-même ?

Descendons de ces hauteurs, et revenons à l'étude des faits:

DISTRIBUTION GÉOGRAPHIQUE DES ORCHIDÉES. — LE NORD. — La
distribution géographique des Orchidées entraînant forcément
de grandes modifications dans leur structure et dans leur manière de vivre, offre un sujet d'étude d'un haut intérêt.

Nous avons parlé d'Orchidées de l'extrême nord, bien plus
belles que celles d'Europe ; elles appartiennent presque toutes
au genre *Cypripedium*, et n'étaient les difficultés de leur culture,
elles seraient dans tous les jardins.

La Sibérie nous offre les *Cypripedium guttatum* Sw., *macranthum* Sw., *ventricosum* Sw., dont les fleurs, à grand labelle
blanc et rose diversement nuancé, sont d'un très-bel effet. Le
Canada, les États-Unis, ont les *Cypripedium pubescens* Willd. et
parviflorum Salisb., qui se rapprochent de notre *Calceolus*, avec
des teintes également jaunes et brunes, et les *Cypripedium spectabile* (fig. 111) Sw., *humile* Sw.. *candidum* Willd. et *arietinum*
R. Br., rivaux des espèces de Sibérie, à fleurs distinguées blanches et roses, etc.

Ces Orchidées sibériennes et nord-américaines ont des fleurs
solitaires et des feuilles radicales ; ce sont des plantes de taille
médiocre, habitant les bas-fonds humides, les prairies maréca-
geuses ou rarement les collines modérément ombragées. Leurs
tiges annuelles disparaissent de bonne heure. Dans la culture,
on en obtient très difficilement des touffes portant plusieurs
fleurs à la fois, sinon elles pourraient être comparées aux plus
belles espèces équatoriales.

Parmi les autres Orchidées du nord et de plein air, réclamant
tout au plus ici la protection d'un châssis vitré et de quelques

feuilles sèches, nous pouvons citer les *Habenaria* des États-Unis, tous très curieux, dont quelques espèces sont réellement jolies; telles que les *Habenaria ciliaris et fimbriata;* les *Calopogon*

Fig. 111. — Cypripedium spectabile.

pulchellus, *Orchis spectabilis*, *Malaxis liliifolia*, *Platanthera incisa*, etc., du même pays, petites plantes vivaces par leurs parties souterraines; le *Goodyera pubescens*, à feuillage très agréablement réticulé, etc.

Le genre *Orchis* reparaît de l'autre côté de l'Océan, mais par une espèce étrangère à l'Europe, de même qu'un *Cypripedium* unique relie notre flore à celle des autres parties du monde.

Si les Orchidées indigènes sont difficiles à introduire dans nos jardins et se prêtent mal à toute culture artificielle, on présume bien que celles des États-Unis, pays où le climat, voisin du nôtre, s'en distingue par des excès de chaleur et de froid, ne sont pas moins rebelles à nos soins. Les espèces canadiennes et sibériennes, exposées chez elles à des températures hivernales excessives, dont nos plus rudes n'approchent pas, sembleraient, au premier abord, n'avoir rien à craindre de nos hivers; mais il faut se garder de ces appréciations fondées sur le seul élément thermométrique. Le fait est que beaucoup de plantes polaires gèlent chez nous, en février ou mars, principalement, dans les alternatives fréquentes ici de gelée et de dégel. On le comprendra, si l'on tient compte de cette circonstance que, dès le mois d'octobre et même de septembre, les pays de l'extrême nord se couvrent de neige, et que cette neige, continuant à tomber jusqu'à 1 mètre et plus d'épaisseur, est mauvaise conductrice de la chaleur, de telle sorte que, quand le thermomètre marque à l'air libre —35, —40 degrés et bien au delà, il n'y a toujours sous la neige qu'un froid très modéré, mais constant. Lorsqu'enfin l'été revient, comme le pâle soleil de ces régions met beaucoup de temps à fondre la masse des neiges, l'été se trouve bien établi lorsque les plantes revoient le jour et reprennent leur courte et rapide végétation.

On ne s'étonnera plus si nous disons que ces Orchidées des hautes latitudes devront, chez nous, se cultiver sous châssis ou en serre froide très aérée plutôt qu'en plein air.

Cette culture sous châssis, dans un compost approprié à leur nature et bien drainé, s'appliquera avec succès, quoique pour des raisons différentes, aux espèces du bassin méditerranéen et de l'Orient tempéré, qui offrent de grandes analogies avec les nôtres, mais dans des proportions moins exiguës. Le nombre en est très limité d'ailleurs, et l'intérêt assez médiocre. Il n'y a rien là qui doive nous étonner : les Orchidées ont besoin d'une

atmosphère saturée de vapeurs et d'un sol plus ou moins humide;
or le midi de l'Europe offre rarement de telles conditions, qui
sont plus rares encore au nord de l'Afrique et même dans tout
l'Orient. Ce sont, du reste, les genres européens, les *Orchis*, les
Ophrys, etc., qui se retrouvent à Madère, en Mauritanie, en
Anatolie et jusqu'en Perse.

SUITE : LES ZONES EXTRA-TROPICALES. — On s'attend, d'après
ce qui précède, à voir les Orchidées beaucoup plus nombreuses
et plus belles à l'approche des tropiques, sous un soleil plus
radieux et des températures plus régulières et plus douces. Mais
quand on étudie la climatologie des régions situées immédiatement au nord du tropique dans notre hémisphère, et même la
bande correspondante de l'hémisphère austral, on est étonné
de voir que le caractère dominant de ces deux zones, c'est la
sécheresse excessive des étés, la prédominance des déserts
arides et des températures excessives. Le centre de l'Asie, entre
l'Altaï et l'Himalaya (fig. 112), offre ces caractères à un haut
degré : étés excessivement chauds et très secs; hivers très rudes.
Nous n'avons besoin que de nommer la Libye et le Sahara en
Afrique, types de sécheresse et de désolation. Le bassin du
Mississipi, le Texas, la Californie, le Nouveau-Mexique, bien
mieux partagés d'ailleurs, ont aussi leurs vastes déserts de
sable, leurs étés secs et brûlants et leurs hivers rigoureux.
Dans l'hémisphère sud, les pampas de Buenos-Ayres et de
l'Araucanie (fig. 113), une bonne partie du Chili, etc., sont dans
des conditions à peu près semblables, ainsi qu'une grande surface de l'Afrique australe. La Nouvelle-Hollande, au sud du
tropique, comme au nord, est un désert inhabitable faute d'eau.
Il n'y a donc que très peu de place pour les Orchidées dans
ces deux larges zones, qui finissent, au nord et au sud, dans le
voisinage des tropiques.

Il faut signaler, cependant, de très intéressantes exceptions :
une partie de la Chine et du Japon, la colonie du Cap, Natal,
la Nouvelle-Galles du Sud. Là, sous des chaleurs modérées et

Fig. 112. — L'Himalaya.

des hivers doux, avec des pluies plus ou moins régulières, les
Orchidées reparaissent, non plus humbles et sans éclat, comme
en Europe, mais sous des formes déjà robustes, avec des tiges
vivaces et de grandes et belles fleurs, dont quelques-unes ne
craignent aucune comparaison. La plupart de ces espèces sont
terrestres, mais non plus à la manière des nôtres, et la transition
vers les formes et les habitudes des Orchidées intertropicales
est déjà très marquée.

Fig. 113. — Ile du Tigre La Plata).

Nous ne connaissons passablement de la Chine et du Japon que
les parties méridionales et côtières; le reste a été peu ou point
exploré par les botanistes. Canton, Hong-Kong, Macao, sont à
peu près à la latitude de Calcutta, sur le tropique même. L'île
méridionale du Japon, quoique à quelques degrés plus au nord,
doit à sa situation maritime un climat semi-tropical. Les Orchidées connues de ces deux grands pays se rattachent intimement à
la flore indienne ou malaise. Le grand genre *Dendrobium* (fig. 114)
s'étend jusqu'en Chine par le beau *Dendrobium nobile*, et jusqu'au
Japon par les *Dendrobium japonicum* et *moniliforme*. Les *Vanda*
sont représentés en Chine par le *Vanda concolor* Bl. et le *Vanda
multiflora* Ldl. (*Acampe multiflora* Ldl.); les *Phajus*, par le

Phajus grandifolius. Les deux pays possèdent plusieurs espèces de *Cymbidium*. D'autre part, les Aérides de l'Asie tropicale poussent une pointe jusqu'au Japon (*A. japonicum*), ainsi que les *Angræcum* d'Afrique (*A. falcatum*) et les *Calanthe* (*C. Sieboldi*, etc.). Le petit *Cœlogyne fimbriata* de Chine tient à l'Asie tropicale par toutes ses attaches, aussi bien que l'*Eria rosea*. Les *Sarcanthus* de même se rattachent à l'Asie et à l'Australie équatoriales. Enfin, les *Cypripedium* japonais jusqu'ici introduits sont du type indo-malais (fig. 118).

Ce n'est donc point là une flore nouvelle et spéciale, mais une extension de la flore de l'Inde et des îles asiatiques. Il n'en est pas moins vrai que ces *Dendrobium*, ces *Aerides*, ces *Vanda*, etc., égarés au delà du tropique, ceux du Japon surtout, n'ont pas besoin, à beaucoup près, de la chaleur nécessaire aux autres, de sorte que les admirateurs de ces splendides Orchidées indiennes qui n'ont pas à leur disposition une serre de haute chaleur, ne sont pas absolument privés pour cela d'en posséder un certain nombre.

Cette flore boréale tempérée s'étend aussi sur une étroite bande le long des pentes méridionales de l'Himalaya. Vers le 27° et le 28° degré de latitude, cette grande chaîne s'abaisse et s'élargit en ramifications qui enserrent les hautes vallées du Népaul, du Bootan, du Sylhet et de l'Assam supérieur. Là règne un climat semi-tropical dans le fond des vallées, mais assez rude partout ailleurs. Cependant les Orchidées de l'Inde y sont représentées par de très belles espèces, qui ne sont pas inférieures à leurs congénères de la région chaude, et viennent prendre place dans nos serres tempérées ou temperées-froides (*Vanda cœrulea*, *V. teres*, *Cœlogyne cristata*, et d'autres, les *Thunia*, les *Pleione*, plusieurs beaux *Dendrobium*, des *Cypripedium*, des *Cymbidium*, des *Calanthe*):

Si maintenant nous passons dans l'hémisphère austral, où les terres tempérées sont, d'ailleurs, de bien moindre étendue, nous n'aurons pas non plus à enregistrer de grandes richesses. Les immenses pampas n'ont qu'une végétation spéciale, maigre et rabougrie. Le pêcher, originaire de Perse, est presque le seul

Fig. 114 à 117. — Dendrobium Hillii (speciosum var.).

arbre qui y prospère ; il fournit le bois de chauffage. Le chardon
d'Europe y a trouvé une moins ingrate patrie. Il faut remonter

jusqu'à Montevideo pour découvrir une belle Orchidée, l'*Onci-dium bifolium*, membre dépaysé de la flore brésilienne. Le

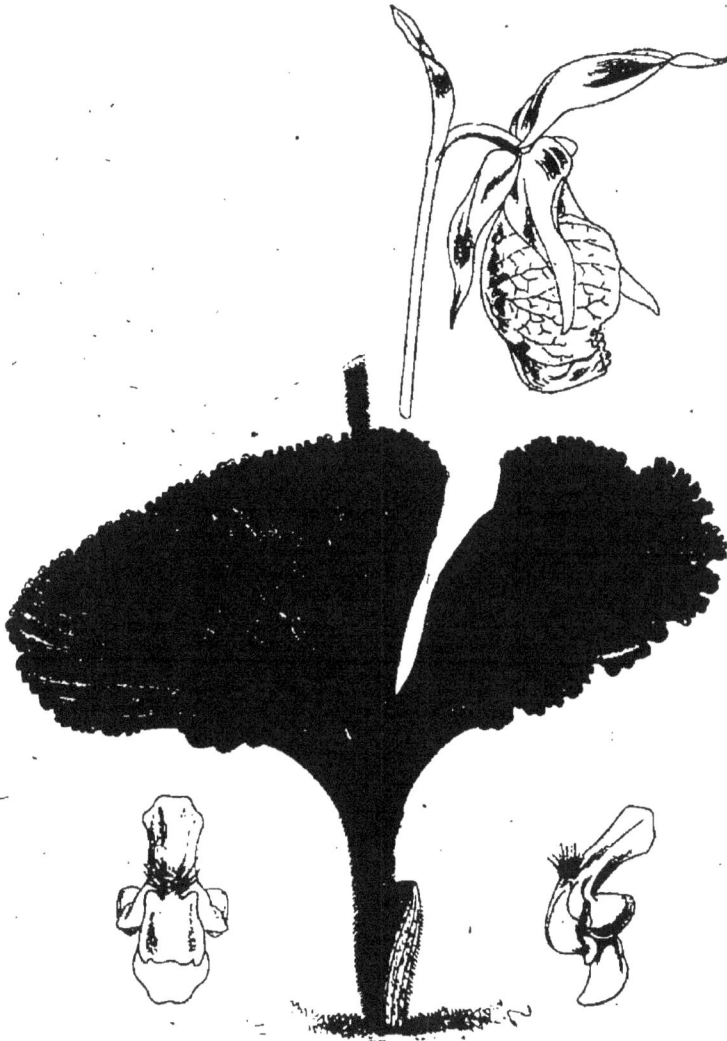

Fig. 118 à 120. — Cypripedium japonicum (¹/₂ gr. nat.).
[Réduction faite d'après le *Gardeners' Chronicle.*]

Chili n'a donné à notre horticulture aucune Orchidée vivante. Nous devons à la Patagonie quelques arbustes, mais rien de plus.

Pourquoi la Nouvelle-Zélande, la terre de promission pour

les Fougères arborescentes (fig. 121), que favorise son climat
maritime, tempéré et humide, est-elle pauvre en Orchidées? Elles
ne sont pas plus communes dans la Tasmanie (île Van Diemen),
grande terre fertile et bien arrosée, et sur le continent voisin
(Nouvelle-Hollande), il s'en faut qu'elles abondent. Il est

Fig. 121. — Forêt d'Australie.

curieux, d'ailleurs, de remarquer que vers le 28ᵉ degré sud, là
où apparaît enfin une espèce distinguée, la seule, pour ainsi
dire, qui le soit ; elle relève de la flore asiatique (*Dendrobium
speciosum*).

C'est encore le même genre *Dendrobium* qui domine au nord
de l'Australie ; mais ici nous sommes en pleine zone intertropicale et même équatoriale.

Le champ se rétrécit de plus en plus ; il ne nous reste à visiter que l'extrémité méridionale de la *stérile* Afrique ; et cependant ici la scène change; et les environs du cap de Bonne-Espérance vont, tout au rebours de cette stérilité traditionnelle, étaler aux yeux étonnés une des flores les plus originales, les plus variées et les plus riches qui soient au monde.

Nous ne résistons pas au désir de citer sans ordre cette prodigieuse accumulation de plantes succulentes : Aloës, Ficoïdes, Crassules, Stapeliées, Euphorbes; et ces Pelargonium, dont l'horticulture a tiré des merveilles ; et ces ravissantes Iridées : glaïeuls, ixias, sparaxis, etc.; enfin les Bruyères aux mille nuances, toutes plus gracieuses les unes que les autres, et tant d'autres trésors que l'horticulture européenne est encore réduite à envier.

Les Orchidées aussi ont leur place dans ce petit monde à part, et ce ne sont ni les moins aimables ni les moins enviées des amateurs.

C'est au nord de la ville du Cap, sur la montagne même qui la domine, dans d'étroits vallons ou plutôt des ravins parcourus par des cours d'eau, que la famille des Orchidées a établi son domaine. Les espèces du Cap sont bien distinctes de celles de la côte équatoriale d'Afrique, de Madagascar ou de Bourbon. Ce sont des types originaux, dont l'aire est assez exactement limitée à la colonie du Cap. Toutes sont terrestres. Celles des montagnes, vivant dans un climat presque froid, ont des tiges herbacées qui fleurissent la seconde année et meurent ensuite ; mais, à la différence des types du nord, elles sont sans tubercules, et leurs tiges nouvelles paraissent bien avant que les anciennes soient flétries. Tels sont, du moins, les *Disa* et les *Satyrium*.

D'autres genres, terrestres toujours, ont une organisation différente, une forme de transition, sans doute parce qu'ils croissent dans les vallées basses, sous une température plus chaude. Ils sont munis de pseudo-bulbes, qui ne sont pas des racines, comme les tubercules des Orchis, mais des tiges renflées

et succulentes. Ces pseudo-bulbes ne se tiennent pas sous le sol,
mais toujours à la surface, à la base des tiges. Les inflorescences ne font plus corps avec la tige (*Lissochilus*, *Eulophia*).
De là aux Épiphytes. il n'y a, pour ainsi dire, que la différence
des milieux. Un pas de plus vers le tropique, à la colonie de
Natal, on trouve déjà les formes intertropicales; un peu mitigées
et avec des tempéraments plus robustes.

Le genre *Disa* (voir Pl. 18) est de beaucoup le plus beau
comme le plus considérable de l'Afrique australe tempérée. Le
magnifique *Disa grandiflora* a été importé en Europe dès le premier quart de ce siècle, mais longtemps on a ignoré l'art de
le cultiver et de le faire fleurir. On sait aujourd'hui que, croissant à profusion sur la montagne de la Table, au bord des ruisseaux et des mares qui inondent leurs rives en hiver, il faut
le traiter comme une plante des marais; lui donner de l'eau à
profusion lorsqu'il végète, et d'ailleurs ne le laisser jamais
sec; de l'air en tout temps, une atmosphère humide, et 2
ou 3 degrés de chaleur en hiver lui assurent une bonne végétation.

Les espèces de *Disa* sont très nombreuses, mais d'un mérite
inégal. Un petit nombre seulement vit dans les collections d'Europe; le *D. Barelli*, voisin du *grandiflora*, en diffère surtout
par la coloration du segment supérieur. On a encore les
D. Herschelli, à fleurs bleues, *macrantha*, dont les grandes
fleurs maculées de carmin sont blanches ou rosées, même rose
foncé. On cite encore comme récemment introduites en Angleterre. où elles n'ont pas fleuri que nous sachions, une quinzaine
d'autres espèces de toutes couleurs. à fleurs moins grandes,
mais néanmoins fort jolies. Il y en a bien d'autres.

Une Orchidée terrestre pseudo-bulbeuse, d'un genre répandu
dans l'Afrique tropicale, l'*Eulophia Dregeana*, croît aussi au
Cap. C'est une belle et robuste espèce, dont les longs épis de
fleurs à pétale chocolat, avec le labelle blanc, simulent une ran-
gée de pigeons pendus par le bec.

Le genre *Lissochilus* mérite aussi une mention spéciale. Le vieux *L. speciosus*, introduit d'ancienne date et bientôt négligé dans nos serres chaudes où il ne fleurissait pas, s'est montré, sous une culture mieux entendue, avec des épis de magnifiques fleurs jaunes ressemblant à des papillons, et de longue durée.

Le *Bonatea speciosa* Willd., des mêmes contrées, est une espèce tuberculeuse se rapprochant des Orchis d'Europe, mais à grandes et curieuses fleurs blanches et jaunes, odorantes. Les *Satyrium* forment un autre groupe, moins riche que les *Disa*, mais à fleurs assez grandes et fort jolies dans quelques espèces, comme les *S. aureum, carneum, cucullatum, gramineum*, etc.

De tout cela, hors deux ou trois *Disa*, l'Europe ne possède que quelques exemplaires disséminés dans les serres d'Angleterre, et depuis trop peu de temps pour qu'on ait pu les apprécier. Ce n'est pas, à beaucoup près, ce que nous réserve cette pointe de l'Afrique, au climat doux et fécond. Nous empruntons à l'excellent livre de M. B. S. Williams une citation du voyageur M. Plant, à propos de cette contrée privilégiée :

« Les Orchidées terrestres sont nombreuses et magnifiques. Dans mon opinion, il y en a beaucoup qui sont à peine inférieures aux plus brillantes Épiphytes. Imaginez une plante ayant le caractère général d'un *Ophrys*, produisant un épi de fleurs aussi grandes et aussi serrées que celles d'un *Saccolabium guttatum*, long souvent de 2 pieds, à fleurs d'un saumon vif mêlé de jaune non moins brillant. Une autre avec un feuillage plissé, portant une tête serrée d'une vingtaine de fleurs jaune vif, avec un labelle cucullé marqué d'une large tache carminée, à la manière d'un *Dendrobium*. Puis c'est une autre avec des feuilles charnues et un épi droit, long de 2 pieds, portant de quinze à trente grandes fleurs jaunes, à labelle ligné et tacheté d'un pourpre pâle, ayant l'aspect de quelque robuste *Epidendrum*. »

Les Orchidées que nous venons de passer en revue forment le domaine des cultures de châssis froid, de serre froide (+3 degrés au minimum), ou tout au plus de serre tempérée froide (+5 ou 6 degrés au plus bas). Réunies dans cette dernière aux Orchidées

Fig. 122. — Scène dans une Forêt vierge (Amérique du Sud).

Fig. 123. — Épiphytes d'une Forêt vierge au Brésil.

des hautes altitudes, du Pérou, de la Nouvelle-Grenade, du Guatemala, du Mexique, etc., elles composent aujourd'hui des collections spéciales moins exigeantes; et tout aussi belles que celles de serre chaude.

LES ORCHIDÉES DES ZONES INTERTROPICALES.

— Nous avons rendu justice à quelques rares et belles Orchidées du Nord, dont les meilleures vont braver de près les rigueurs du climat polaire. Nous avons dit aussi ce que vaut le contingent de l'Europe, auquel se joint l'apport du bassin méditerranéen et de tout l'Orient. Jusque-là les Orchidées n'occupent, dans le monde végétal, qu'une place fort étroite et fort humble. De plus, elles ne sont, et par leur structure et par leur manière de vivre, que des plantes curieuses, n'ayant en somme rien de plus original que tant d'autres. Le Japon, la Chine, parmi les pays tempérés, le cap de Bonne-Espérance surtout, ajoutent quelques richesses à cette pauvreté; mais outre que les Orchidées connues de la Chine et du Japon ne vivent qu'à la limite méridionale de ces deux empires, et ne sont que des membres éloignés de la grande famille indienne, il demeure vrai que jusqu'aux 27° et 28° degrés au nord et au sud de l'équateur, dans d'immenses espaces comprenant au moins les deux tiers des terres émergées, les Orchidées ne justifient pas l'énorme importance qu'elles ont acquise dans le monde de la botanique et de l'horticulture.

C'est qu'en effet des terres fertiles, revêtues d'une végétation puissante qui les protège et leur dispense l'ombre (fig. 122); un air toujours chargé de vapeurs aqueuses; des pluies périodiques ou très fréquentes, et un climat plutôt tiède que très chaud, même froid sous certaines conditions, mais régulier, sans excès ni variations désordonnées : voilà ce que commande la nature propre des Orchidées, et ce qu'elles trouvent très rarement dans les zones froides ou tempérées.

Mais avant même qu'on ait franchi les tropiques, la magnificence de cette noble famille éclate aux yeux les moins prévenus.

Fig. 124. — Épiphytes dans une Forêt vierge du Brésil, d'après Martius.

Dans cette zone qui enserre le globe sur une largeur de 1400 ou 1500 lieues, dont l'équateur marque à peu près le centre, les Orchidées trônent avec une richesse, une variété, un éclat incomparables; elles se montrent sous des aspects nouveaux et enchanteurs. Au nord, ce n'étaient que d'humbles herbes, à demi cachées sous le gazon et disparaissant après une courte période de vie active ; dans les régions équatoriales elles prennent des proportions orgueilleuses. Des *Sobralia*, des *Dendrobium* élèvent des tiges droites de 2 et 3 mètres, que surmontent d'énormes fleurs ; des hampes florales d'*Oncidium*, de *Lælia*, de *Schomburgkia*, se dressent à 12 ou 15 pieds au-dessus du feuillage ; des pseudo-bulbes de *Cyrtopodium* n'ont pas moins de 2 à 4 pieds de long. Une foule de Vandées indiennes jettent des tiges cylindriques et radicantes, qui s'allongent au loin en se cramponnant aux arbres; les Vanilles deviennent de vraies Lianes, courant à travers les sous-bois de la forêt et jusqu'au sommet des arbres.

Quelques-unes de ces plantes perdent leurs feuilles dans la saison sèche, mais aucune ne disparaît.

Ce qui distingue nettement les Orchidées intertropicales, c'est le mode d'existence qu'elles adoptent pour la plupart, c'est la vie *épiphyte* (fig. 123).

On nomme épiphytes (du grec ἐπὶ, sur; et φυτον, plante), les végétaux qui vivent habituellement sur d'autres, mais non aux dépens de ceux-ci. Il ne faut pas confondre les parasites, comme le gui, qui pompent la sève des arbres et meurent de leur mort, avec les Épiphytes, qui demandent aux arbres un simple support, une demeure aérienne, certaines conditions d'air, de lumière et d'ombre, mais qui peuvent exister tout aussi bien sur le bois mort ou même sur les rochers moussus.

Pour concevoir une telle manière de vivre chez des plantes qui prennent souvent un ample développement, il faut se faire une idée de ces climats équatoriaux, surtout de leur constitution atmosphérique, si différente de la nôtre (fig. 124).

Les Orchidées intertropicales ne sont point toutes épiphytes ;

ce n'est là une condition habituelle que pour la majeure partie, et encore parmi ces dernières, le plus grand nombre s'attachent indifféremment aux roches et aux débris végétaux tombés sur le sol. Une fraction seulement est exclusivement aérienne, et s'attache aux hautes branches pour y chercher plus d'air et de lumière.

Il y a aussi, dans la même zone, des Orchidées terrestres, mais à tiges persistantes et dont quelques-unes affrontent, dans les plaines nues, le soleil brûlant de l'équateur. Ainsi des *Catasetum*, des *Cyrtopodium*, des *Sobralia*, etc. D'autres cherchent l'ombre autant que les Épiphytes.

On peut remarquer que les espèces terrestres des régions chaudes ont des pseudo-bulbes relativement très volumineux, renfermant beaucoup de substance alimentaire, aux dépens de laquelle elles subsistent durant les longues périodes de sécheresse ; tandis que d'autres, comme les *Sobralia*, sont munies d'un énorme paquet de racines traçantes. Celles-ci, d'ailleurs, vivent dans une zone moins sujette aux sécheresses prolongées.

Les Orchidées terrestres des régions chaudes n'ont point de racines tuberculeuses ; leurs tiges persistent pendant des années, même après avoir fleuri et fructifié, et elles possèdent encore bien souvent, après deux ou trois ans, assez de vie pour donner naissance à des rejetons qui servent à les multiplier.

La forme pseudo-bulbeuse appartient aux terrestres aussi bien qu'aux épiphytes. Dans les premières, les tiges pseudo-bulbeuses s'appuient sur le sol, se cachent même sous les herbes ou les mousses, mais ne pénètrent jamais dans le sol. Ce sont des tiges renflées, non des parties radiculaires et hypogées.

Comme les Épiphytes, elles sont pourvues de rhizomes, tiges rampant sur la terre, qui relient les pseudo-bulbes et la végétation aérienne. Leurs fleurs ne sont guère moins belles que celles du reste de la famille.

LES ORCHIDÉES ÉPIPHYTES. — Il n'en est pas moins vrai que les Orchidées épiphytes sont, et par leur nombre immense, et

par la singularité de leurs mœurs, aussi bien que par l'éclat
de leur floraison, les reines de la famille. L'incomparable tribu
des Vandées leur appartient presque tout entière ; celle à peine
moins admirée des Épidendrées, en très grande partie. Les Ma-

Fig. 125. — Phalænopsis Portei.
(Réduction faite d'après un dessin du *Gardeners' Chronicle*.)

laxidées y tiennent par les splendides *Dendrobium* et par quelques autres genres ; les Aréthusées ont les *Vanilla*, et il n'y a
pas jusqu'aux Cypripédiées qui prennent, dans les îles asiatiques, des allures épiphytes, témoin le *Cypripedium Lowii*.

Pour que des plantes dont le développement est quelquefois
assez rapide, qui forment de larges touffes et donnent naissance
à des inflorescences considérables, puissent trouver assez de

nourriture dans la situation aérienne qu'elles affectionnent, il faut que les phénomènes atmosphériques leur apportent les éléments dont elles ont besoin. Ceci est hors de doute. Mais comment leur parvient cette nourriture, sous quelle forme, par quels véhicules ? C'est là une question intéressante et qui a donné lieu à bien des controverses. Est-ce l'atmosphère des forêts vierges, des jungles, des paramos, de tous ces déserts où le sol est couvert de matières végétales en décomposition, qui leur apporte la vie ? Est-ce l'eau des pluies, des brouillards et des rosées ? Est-ce la poussière chassée par les vents ? Enfin, n'est-ce pas tout simplement le support où elles incrustent leurs racines et les mousses qui le couvrent, dont la décomposition leur fournit des aliments ?

M. Duchartre s'est livré, dans les serres du Muséum, à d'intéressantes expériences ayant pour objet de vérifier si des Orchidées, simplement suspendues par un fil dans un air chargé de vapeurs, prendraient de l'accroissement. Il a constaté que toutes, au contraire, avaient perdu quelque chose de leur poids après un séjour plus ou moins prolongé sous une cloche de verre reposant sur une soucoupe pleine d'eau. Ce résultat est important, mais il ne résout pas le problème. Étroitement enfermées sous verre, saturées d'eau en même temps que privées de tout renouvellement d'air, ces plantes n'étaient pas dans des conditions normales, et si l'absorption des gaz par les racines des Orchidées est possible à l'état de nature, elle pouvait ne plus l'être dans l'expérience citée.

On peut objecter, en thèse générale, que si beaucoup d'Orchidées émettent de grosses racines prenantes, qui s'attachent aux arbres et rampent sous les mousses, d'autres ne tiennent à leur support que par quelques radicelles, tout juste suffisantes pour les fixer, tandis qu'elles émettent des paquets de racines flottantes, tout à fait aériennes, dont la profusion n'aurait pas de but si elles ne se nourrissaient qu'à la façon des espèces terrestres. Notons encore que ce sont précisément les espèces le plus franchement épiphytes, celles qui élisent domicile sur les plus hautes branches, dans une atmosphère plus libre et plus pure,

Fig. 126. — Angræcum croissant sur un Strychnos (Madagascar).

qui multiplient à ce point leurs moyens d'absorption (fig. 125).

Laissons donc ce débat sur lequel le dernier mot n'est pas dit. Personne ne songe à cultiver les Orchidées à nu, suspendues dans l'air, pas plus qu'à enterrer leurs pseudo-bulbes à la façon des jacinthes, comme faisaient les jardiniers d'autrefois. Tenons seulement pour établi que les Orchidées en général, et les Épiphytes tout particulièrement, veulent une atmosphère chargée de vapeurs aqueuses.

Les Orchidées qui germent et se développent sur le tronc des arbres, dans les plis de l'écorce ou même sur des écorces presque lisses, ne peuvent être comparées, comme on l'a fait à tort, aux plantes qui se sèment sur la tête des saules creux. Celles-ci croissent dans un terreau naturel, à peu près comme des plantes cultivées en pots. Les Épiphytes recherchent les corps durs ; elles sont prenantes par leurs racines, qui s'incrustent dans les fissures et même sur les surfaces lisses.

Il est à remarquer d'ailleurs que les Orchidées terrestres des régions chaudes ou tempérées ont des racines également prenantes, mais à surface plus ou moins velue. Ce genre de racines les différencie nettement des plantes terrestres ordinaires; il autorise à penser qu'elles ne sont terrestres qu'à demi, sous certaines conditions qui les rapprochent des Épiphytes (fig. 126).

Sur la Rivière Saint-Juan (Panorama).

CHAPITRE IV.

CLIMATOLOGIE.

ÉTUDES DE CLIMATOLOGIE APPLIQUÉE. — Les Orchidées en général et les Épiphytes tout particulièrement étant dans une
étroite dépendance du climat et des conditions atmosphériques
sous lesquels elles naissent et vivent, il est impossible, non seulement de les cultiver en serre, mais de comprendre bien ce
qu'elles sont, comment et de quoi elles se substantent, si l'on
n'a pas une notion suffisante des contrées qui les recèlent. Or
les idées répandues à cet égard sont loin d'être exactes et
complètes ; une foule d'erreurs trop accréditées entravent le
progrès.

Nous avons déjà parlé du climat arctique et de ses terribles
hivers auxquels les Orchidées sibériennes échappent sous quelques pieds de neige, tandis qu'elles périssent chez nous par
l'effet des gelées printanières. C'est là un fait capital que le cultivateur ne peut pas perdre de vue.

Nous ne dirons rien de la climatologie de l'Europe, ni de
celle du bassin méditerranéen presque aussi connu.

Fig. 120. — Barrancas au Mexique.

Le caractère distinctif des régions intermédiaires, jusqu'au voisinage du tropique, est surtout dans la chaleur équatoriale et l'extrême sécheresse des étés, auxquels succèdent de courts hivers rarement rigoureux et seulement pour très peu de jours. Durant ces hivers il gèle fréquemment la nuit, surtout vers le lever du soleil ; assez rudement même dans certaines contrées, au centre de l'Australie, par exemple, et au sud des Etats-Unis ; mais ces nuits froides sont suivies de journées où le thermomètre monte jusqu'à 25 degrés. Rien n'est plus propre à égarer, dans l'étude qui nous occupe, que l'indication des chaleurs *moyennes* d'un lieu isolées des *extrêmes*. Ce serait, d'autre part, errer grandement que de prendre les données d'extrême froid d'un pays comme indiquant ce que les plantes qui en proviennent pourraient supporter chez nous. Pas une plante vivace d'Australie ne se cultive en plein air au centre de l'Europe. Quelques sites privilégiés des bords de la Méditerranée leur conviennent seuls, quoique des voyageurs aient constaté des froids de —12 à —14 degrés dans les plaines centrales du continent. Il gèle tout aussi rudement et plus longtemps au Texas, au Nouveau-Mexique, dans la région des Agaves et des Cactus (fig. 129), et cependant les uns ni les autres ne résistent ici à plus de 5 degrés sous zéro. Les causes de cette apparente anomalie sont bien connues. On peut dire en général qu'aoûtées par des étés d'une chaleur élevée et d'une longue durée, n'ayant à souffrir de froids rigoureux que passagèrement, et ranimées le jour par un chaud soleil, les plantes de ces contrées se trouvent dans des conditions climatériques très différentes des nôtres.

Dans la grande zone qu'enserrent les deux tropiques, les hivers ne sont plus que des atténuations des étés, jusqu'aux approches de l'équateur, où règne non pas un printemps, mais un été perpétuel. Cependant il ne faut pas en conclure que la chaleur va toujours croissant des tropiques vers la ligne équatoriale, et que sous cette grande ligne imaginaire règnent constamment des chaleurs torrides. En réalité les étés de la zone dite tempérée, entre le 25e et le 35e degré, dépassent souvent

40 degrés, et de telles chaleurs sont inconnues à bien des pays situés sous l'équateur. Dans ces derniers, c'est la persistance et l'égalité de la chaleur à toutes les époques de l'année qui est caractéristique ; mais la moyenne n'en dépasse pas 25 à 28 degrés, et, sauf quelques rares exceptions, les extrêmes sont entre +15 et +36 ou 38 degrés.

Mais entre les régions intertropicales et le reste du globe on remarque une autre et plus importante différence : en Europe et dans la plupart des pays tempérés ou froids, les pluies se répartissent sur presque toute l'année, non pas également, mais au hasard des vents régnants et d'autres causes moins appréciables. Dans les pays chauds, au contraire, ces phénomènes deviennent plus ou moins périodiques, et l'année se partage en deux saisons : l'une de pluie, l'autre de sécheresse. En quelques lieux il y a deux saisons sèches et deux de pluies qui alternent. Quand ces dernières règnent, il pleut chaque jour et à peu près à heures fixes, avec une abondance dont nous n'avons pas d'exemples ; puis le soleil reparaît et vaporise de toute sa puissance l'eau qui couvre et imprègne toute la nature. L'air est saturé de ces vapeurs que le moindre refroidissement condense en brumes épaisses. Les mêmes alternatives se reproduisent pendant la majeure partie de la saison ; puis les pluies s'atténuent, une période de plus en plus mêlée de journées sèches sert de transition, jusqu'au jour où les chutes d'eau s'arrêtent tout à fait et où la sécheresse règne à peu près sans partage pendant plusieurs mois.

On se fait aisément une idée de l'énergie d'une végétation que stimulent des chaleurs intenses, des arrosements quotidiens et une atmosphère chargée de vapeurs (fig. 130). Les arbres s'élèvent à des hauteurs vertigineuses ; des Lianes, au tronc gros comme la jambe, escaladent ces colosses et les étouffent dans leurs replis. D'autres arbres, pareils à nos chênes, ne forment que le second étage de ces forêts. A leur pied s'étalent des herbes géantes, aux feuillages pittoresques, souvent d'une ampleur remarquable, ou de coloris aussi riches que ceux des fleurs. Sur ces troncs grands ou petits, depuis les hautes branches qui cherchent

Fig. 130. — Forêt brésilienne.

péniblement l'air et le soleil, jusqu'aux racines qui les arc-boutent par la base, vivent des plantes épiphytes de toutes sortes : Cactées, Amaryllidées, Fougères, Broméliacées, Aroïdées, Orchidées, etc., s'entremêlant dans le plus élégant désordre. Tandis que dans nos forêts du Nord un petit nombre d'essences domine, sous l'équateur c'est la variété qui est la loi ; nulle espèce ne forme des forêts à l'exclusion des autres ; tout y est luxe, profusion, confusion si l'on veut, et l'immensité de l'ensemble a pour complément l'inépuisable richesse des détails. La mort même en ces forêts géantes se revêt d'une verdure d'emprunt : l'arbre qui tombe de vétusté, ou qui meurt debout faute d'espace pour tomber, se couvre, lui aussi, de toutes sortes d'Épiphytes. On peut dire que là il n'y a pas de place pour la mort.

Mais peu à peu les pluies cessent, et la chaleur n'est plus tempérée que par les rosées et les brouillards. Une sorte de torpeur succède à la vie exubérante de l'autre saison. Beaucoup d'arbres perdent leurs feuilles, laissant exposées aux rayons brûlants du soleil les plantes qui s'abritaient sous leur ombre. Les Épiphytes languissent, se rident, se défeuillent parfois. A leur verdure qui se crispe ou tombe, à leurs tiges ridées, on les croirait perdues ; mais que revienne la pluie, et tout va revivre, reposé, mûri, pour fournir une nouvelle carrière et des moissons de fleurs.

Quelle que soit d'ailleurs l'ardeur des journées, les longues nuits au ciel brillant d'étoiles apportent à la nature le soulagement de leurs rosées et le rayonnement vers les espaces célestes, qui refroidit l'atmosphère. Le rayonnement, par une de ces nuits radieuses où rien ne lui fait obstacle, peut déterminer des refroidissements considérables aux lieux même où l'été règne en maître absolu. Le voyageur, obligé de coucher à la belle étoile, s'enveloppe d'une couverture de laine et se réveille grelottant. S'il consulte son thermomètre, il le trouvera souvent descendu à +10 ou 12 degrés, et parfois bien plus bas. Ce froid des nuits est un bienfait : il retrempe la fibre humaine et condense sur les plantes altérées des rosées vivifiantes.

EFFETS DE L'ALTITUDE. ORCHIDÉES ALPINES. — Lorsqu'on étudie la climatologie des régions intertropicales, terres promises des Orchidophiles, on rencontre, au point où nous voilà parvenu, un élément considérable dont nos devanciers ne tenaient pas compte, ce qui les a fait verser dans des erreurs désastreuses. Cet élément, c'est l'*altitude* des pays de provenance, leur élévation au-dessus du niveau des mers ; comme la *latitude* marque leur distance de l'équateur. Mais, tandis que la décroissance de la chaleur par l'éloignement de l'équateur n'est sensible qu'après des centaines de lieues, il suffit de quelques cents mètres d'ascension verticale pour éprouver des effets semblables.

La décroissance progressive de la chaleur atmosphérique à mesure que l'on s'élève est un fait très connu, mais on n'est pas bien d'accord sur le chiffre qui exprime cette relation. Le fait est qu'il n'est pas le même pour tous les lieux et pour toutes les circonstances. Laissant de côté des anomalies plus ou moins bien constatées, nous dirons qu'on estime généralement la décroissance à un degré de chaleur moyenne pour 180 à 200 mètres d'altitude.

Au niveau de la mer ou un peu au-dessus vers l'équateur, la chaleur moyenne est de 28 degrés, et plus souvent au-dessous de ce chiffre qu'au-dessus. A 200 mètres plus haut, elle ne sera plus que de 27 degrés, et à 2000 mètres que de 18 degrés. Que l'on s'élève encore de 2000 mètres, et la température ne devra plus être que de 8 degrés. C'est en effet ce qu'a montré l'observation directe.

Il s'agit jusqu'ici de températures moyennes ; mais entre le jour et la nuit, entre les temps sereins et les bourrasques fréquentes à ces hauteurs, il y aura de notables écarts de chaleur. Une moyenne de 8 degrés suppose des oscillations entre +12 et +15 degrés le jour, et +2 ou +3 degrés la nuit. Et si, par exception, le ciel est sans nuages ni brumes, le rayonnement fera descendre le thermomètre au-dessous de zéro.

Ainsi à l'altitude de 4000 mètres, même sous l'équateur, il gèle assez fréquemment, le givre couvre les plantes au lever du jour ;

il neige parfois. Dans quelques endroits où de hautes montagnes surgissent brusquement non loin des rivages, on peut en un seul jour passer du climat torride de la plaine aux froids arctiques des hautes sommités.

Or de même que nous avons trouvé des Orchidées jusqu'à proximité du cercle polaire, de même nous en retrouverons jusqu'aux altitudes extrêmes, non loin des sommets où expirent les derniers vestiges de la végétation. L'*Oncidium nubigenum* croît au Pérou jusqu'à une hauteur de 4260 mètres, et les neiges perpétuelles commencent à 300 ou 400 mètres plus haut.

Le fait est que les quatre cinquièmes au moins des Orchidées redoutent les chaleurs constamment élevées. C'est à partir d'une altitude de 1000 mètres qu'elles commencent à devenir abondantes. Elles le sont de plus en plus à mesure que le niveau s'élève, et l'on estime que c'est entre 2000 et 2800 mètres d'altitude qu'est là zone favorite de ces belles plantes (fig. 131). La température de cette zone oscille entre les extrêmes de +25 à +35 degrés le jour, et +7 ou +8 degrés et même +5 degrés et au-dessous, la nuit. Les gelées blanches ne sont pas rares à 2500 mètres. Jusqu'à 3000 mètres, les Orchidées ne manquent point et brillent encore d'un vif éclat, mais elles se raréfient rapidement dans les zones d'extrême froid, et si l'on en découvre encore et de très intéressantes jusqu'à 4000 mètres au moins, ce ne sont plus que de curieuses exceptions.

Les études les plus récentes nous permettent de partager les Orchidées intertropicales en trois catégories, dont chacune se distingue par certaines particularités dérivant du climat où elles naissent, et qui ne peuvent, sans de graves inconvénients, être confondues dans une même culture. Ce sont : 1° celles des terres basses, des vallées profondes, exigeant un minimum de 15 à 18 degrés en hiver (serre indienne, haute serre chaude), et qui sont, en nombres ronds, dans la proportion de 200 sur 1200 espèces cultivées en Europe ; 2° celles des régions de moyenne altitude, auxquelles se joignent les plus rapprochées

des tropiques, se contentant d'une chaleur hivernale de 8 ou
10 degrés au minimum (serre tempérée). Celles-ci sont les plus
nombreuses de beaucoup, 700 environ sur le même total;
3° enfin celles qui atteignent et dépassent 2000 mètres d'altitude et qui supportent un abaissement nocturne de +5 ou
+6 degrés (serre tempérée-froide), pourvu qu'elles aient
+8 ou +10 degrés le jour. Elles sont au nombre de 300,
y compris les espèces des altitudes extrêmes, lesquelles ne

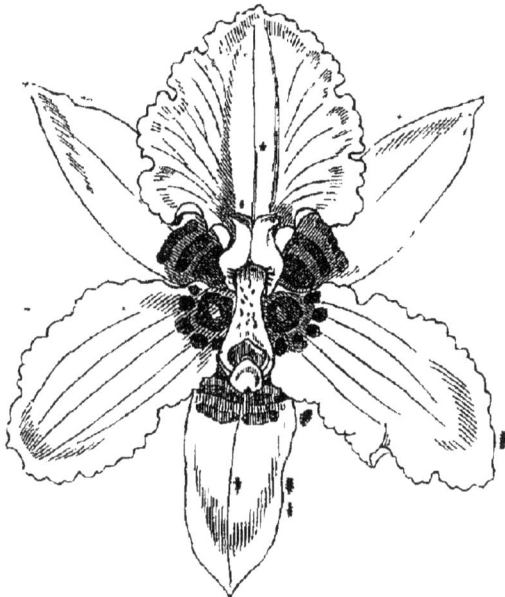

Fig. 131. — Odontoglossum Warnerianum

redoutent pas chez nous des froids de +2 ou +3 degrés,
mais que nos chaleurs d'été font beaucoup souffrir (fig. 132).

L'élément thermométrique n'est d'ailleurs, on le comprend,
qu'une des données nécessaires. L'état atmosphérique de leurs
stations favorites doit être scruté avec d'autant plus de soin que,
de ce côté, de grossières erreurs sont encore accréditées çà et là.

L'alternance régulière des saisons pluvieuse et sèche ne
s'étend pas au delà d'une certaine latitude. Plus loin le caractère dominant des saisons peut bien être la pluie ou la séche-

resse, mais ces phénomènes se suivent et s'emmêlent sans ordre. De même quand on quitte la bande littorale, celle que les Hispano-Américains appellent la Terre chaude, pour s'élever sur les plateaux de l'intérieur, on n'observe plus cette périodicité des pluies, qui déjà à une altitude moyenne, dans la zone

Fig. 132. — Odontoglossum cirrhosum (¹/₄ gr. nat.).

des Orchidées, deviennent le phénomène dominant. Quand on s'élève davantage, à 2500 ou 3000 mètres par exemple, l'humidité du climat devient excessive : des pluies torrentielles se succèdent à de courts intervalles ; des brouillards intenses voilent le soleil ; des tempêtes bouleversent l'air. Au delà de 3000 mètres, le climat devient très rude, les chaleurs presque nulles, et ce n'est que sur de vastes plateaux, abrités par les plus hautes chaînes, que l'homme se fixe encore et a formé quelques villes entourées de pauvres cultures.

Cette humidité constante des régions alpines ou subalpines de l'équateur a été ignorée longtemps, non de ceux qui les ont parcourues, mais de certains observateurs de cabinet. Partant de cette idée sans base que plus le climat est froid et moins l'eau est nécessaire aux plantes, on a conseillé de n'arroser les Orchidées alpines, en hiver, que de loin en loin et avec la plus grande réserve. Les résultats n'ont pas manqué de répondre à de telles leçons: les Orchidées desséchées n'ont plus su reprendre vie, et alors on a prétendu qu'on n'en ferait jamais rien. Le vrai c'est qu'elles sont constituées pour vivre dans un milieu toujours humide. Traitées en conséquence, elles fleurissent avec éclat dans nos serres.

Déduisons maintenant les conséquences pratiques de ce qui précède.

Les Orchidées des Terres chaudes, accoutumées à une saison sèche plus ou moins prolongée, se trouveront bien, dans nos serres, d'un repos relatif. Et comme nous subissons de longs hivers, où les jours sont courts et la lumière rare, où la chaleur tout artificielle est difficile à maintenir, nous avons tout intérêt à faire coïncider le ralentissement de la végétation avec la mauvaise saison. Les plantes y seront parfaitement disposées, et il suffira de modérer les arrosements et de diminuer l'humidité de l'air. Nous disons modérer, diminuer, non supprimer. Les Orchidées cultivées ne doivent jamais manquer complètement d'eau.

Les mêmes soins, ou peu s'en faut, conviendront aux Orchidées de la région moyenne, qui se cultivent en serre tempérée, avec un minimum de chaleur de 8 ou 10 degrés. C'est la serre des *Cattleya* (fig. 133), des *Dendrobium*, des *Cypripedium*, des *Miltonia*, des *Zygopetalum*, et d'une foule d'autres belles plantes. Là encore, il est bon de modérer les arrosements pendant trois mois d'hiver, surtout pour les espèces à feuilles charnues ou à bulbes volumineux, et pour celles qui perdent leurs feuilles. On pourra aérer davantage.

Quant à la troisième région, froide en tout temps comme notre mois de mars, pluvieuse, tempêtueuse, comme lui, avec son soleil voilé par les brouillards, les belles et curieuses espèces qu'elle nous livre non sans peine ne supportent pas la sécheresse.

Fig. 133. — Cattleya amethystoglossa.

Presque toujours en végétation, fleurissant pour la plupart en février et mars, il va de soi que l'eau, sous toutes les formes, leur est indispensable, même au cœur de l'hiver, même quand on ne leur donne que 5 ou 6 degrés de chaleur la nuit.

Chose étrange au premier abord, les Orchidées qui vivent sous ce ciel brumeux, glacial la nuit, à peine tiède le jour, appartiennent aux mêmes genres que celles de la zone tempérée ou chaude, et, comme celles-ci, elles sont généralement épiphytes. Nous disons aux mêmes *genres* ; quant aux espèces,

elles sont différentes. Les *Oncidium*, les *Epidendrum* parcourent
toute l'échelle des altitudes, depuis les *Oncidium Lanceanum* et
les *Epidendrum bicornutum* de la Guyane, jusqu'aux *Oncidium
nubigenum* et aux *Epidendrum frigidum* voisins des glaces de
la Cordillère.

Fig 134 — Odontoglossum Dawsonianum

Il y a cependant des genres qui appartiennent tout spécialement aux hautes altitudes, sans y être absolument confinés.
Tels sont les *Odontoglossum* (fig. 134), les *Masdevallia*, les
Pleione, les *Pleurothallis*, les *Restrepia*, et d'autres inconnus
dans nos cultures.

L'IMITATION DE LA NATURE. — C'est une loi de la nature que
tout végétal est organisé pour vivre dans un climat donné, et

que si on le transporte sous un autre notablement différent, il subit dans son développement des modifications sensibles, qui s'accroissent avec l'écart des milieux, jusqu'à lui devenir fatales. Il en résulte que si nous voulons cultiver une plante appartenant à un climat autre que le nôtre, nous devons lui assurer, par des moyens bien calculés, l'équivalent ou à peu près de ce qu'elle trouve, sous son ciel natal, d'air, de lumière, de chaleur, d'humidité et d'aliments assimilables.

Il faut bien le reconnaître, les moyens dont nous disposons pour atteindre ce but, quelque perfectionnés qu'ils aient été depuis trois quarts de siècle, laissent encore, et probablement laisseront toujours à désirer. Nous pouvons créer un sol artificiel et en modifier la composition selon les besoins présumés ; nous pouvons dispenser l'eau en arrosements et la vaporiser pour en imprégner l'atmosphère, du moins dans les espaces clos ; nous produisons la chaleur presque à volonté ; mais l'air, la lumière surtout, sont des éléments dont la disposition nous échappe trop souvent.

L'air n'est pas toujours pur et sain, surtout dans les villes, et une atmosphère viciée est plus nuisible encore aux végétaux qu'à l'homme, aux plantes des montagnes surtout. Mais l'air enfermé dans une serre se vicie de lui-même, il faudrait le renouveler chaque jour, et, pour ainsi dire, tout le jour. Les plantes sont fixées au sol ; c'est le vent qui leur imprime le mouvement, favorise leurs sécrétions et fortifie leurs tissus. Comment suppléer à cette gymnastique dans une serre chaude où tempérée, pendant cinq mois d'un rude hiver ? Sans doute on y parvient, très imparfaitement d'ailleurs, au moyen de chambres chaudes et d'autres dispositions incommodes et coûteuses ; mais ces expédients ne sont que bien rarement applicables : on aime mieux s'en passer et attendre à tout risque des temps plus doux.

L'air qui vient du dehors est aussi presque toujours trop sec pour les Orchidées, et l'humidifier à propos, pour empêcher qu'il ne dessèche les plantes, est d'une nécessité impérieuse.

Quant à la lumière, nous n'avons rien d'utile pour suppléer à ce que le soleil nous en dispense avec tant de parcimonie pendant au moins trois mois de l'hiver. Il n'est même nullement aisé de tempérer dans une juste mesure ce qu'il nous donne en excès dans les longs jours d'été. Les Orchidées, transportées sous notre ciel inclément, devront s'accommoder, pendant un quart de l'année, d'une lumière insuffisante, d'une ventilation irrégulière et souvent nulle, d'une chaleur artificielle qui n'a pas toutes les qualités voulues, et d'une atmosphère trop sèche qu'on devra sans cesse humidifier.

Aussi quand on nous dit que, pour bien cultiver, il faut imiter la nature en tout et toujours, sommes-nous obligés de reconnaître, en même temps que l'excellence du précepte, l'impossibilité de son exacte application. Il faut, bon gré mal gré, que les plantes de nos serres s'arrangent de ce que nous avons à leur donner, et se passent du reste. Hâtons-nous de le dire : il n'y a guère de plantes que l'on ne parvienne à cultiver, et les Orchidées de toutes les zones notamment fleurissent dans nos serres. Cette apparente contradiction s'explique : l'horticulture, après bien des tâtonnements, a trouvé des équivalents, des moyens termes ; elle a tourné la plus grosse difficulté, et... la nature a fait le surplus.

C'est que la loi rappelée plus haut ne doit pas être entendue dans un sens trop étroit. S'il est vrai que toute espèce végétale a ses localités de prédileicton, il est également vrai que les limites entre lesquelles elle se plaît, à l'état de nature, ne sont pas étroitement déterminées, et qu'elle oscille entre les points extrêmes de son aire propre, non sans y souffrir de quelques intempéries.

Un exemple choisi tout près de nous rendra cette vérité plus sensible.

Le bouleau commun est un arbre des pays froids, ou tout au plus tempérés. Il s'avance plus loin qu'aucun autre vers le nord polaire, et en altitude il ne finit, dans les Alpes, que tout près de la limite des neiges. Mais tandis qu'il est, du 50e au 60e degré nord, ou à 500 mètres au-dessous de sa limite d'altitude, un arbre de bonne grandeur, ce n'est plus, aux extrémités de ces lignes de latitude ou d'altitude, qu'un petit arbre au tronc noueux et rachitique, puis enfin, un maigre arbrisseau. Ce n'est pas moins le bouleau, et s'il vient le mieux dans les climats modérément froids, il est néanmoins capable de supporter les plus basses températures du nord de l'Europe.

Si quelques espèces d'Orchidées n'ont été découvertes que dans une seule localité, on n'est pas autorisé à induire de là qu'elles n'existent point ailleurs dans des conditions climatériques plus ou moins différentes.

Pour qu'une plante occupe une aire d'une grande étendue et d'altitude inégale, il faut qu'elle soit douée d'une certaine force de constitution, ou plutôt d'une certaine élasticité de tempérament, que l'on constate en effet chez la plupart, quoique à des degrés très différents. On doit même croire que la nature ne s'est pas bornée à douer chaque espèce végétale de la vitalité strictement nécessaire dans le milieu où elle croit spontanément, ou du moins qu'elle l'a appropriée à toutes les intempéries accidentelles de ce milieu. Il n'est même pas douteux que certaines espèces sont, sous ce rapport, bien mieux partagées que d'autres, et qu'on peut les amener à vivre et à se reproduire dans des conditions très différentes, autant du moins que nous le sachions, de celles pour lesquelles elles ont été créées.

C'est cette *élasticité* du tempérament des plantes qui a rendu possibles certaines cultures; et autorisé en général les procédés, les méthodes sur lesquels est fondée l'horticulture moderne, celle des serres surtout.

C'est aussi l'incertitude qui règne sur les limites de leur habitat, et même sur les extrêmes thermométriques de ces lieux, qui autorise une foule d'expériences très hasardeuses, d'où sortent quelquefois des résultats aussi précieux qu'inattendus.

CHAPITRE V.

IMPORTATION DES PAYS D'ORIGINE.

ES COLLECTEURS ET LE COMMERCE D'IMPORTA-TION. — Lorsqu'il s'agit de plantes dicotylédones et même d'une nombreuse série de monocotylédones, les méthodes de multiplication sont là pour suffire aux besoins ; mais quand un genre de plantes très demandé se multiplie lentement et ne laisse à l'art du jardinier qu'une très faible latitude, le cas n'est plus le même.

Les Orchidées croissent avec beaucoup de lenteur ; la plupart ne font qu'une pousse par année, rarement deux. A part quelques exceptions, elles ne se bouturent pas et ne se divisent que dans une limite très restreinte. Le semis est difficile à tous égards, et n'a servi jusqu'à présent qu'à donner un très petit nombre de variétés ou d'hybrides. Telle espèce très recherchée donne à peine une multiplication en deux ou trois ans, et cette progéniture, à son tour, ne sera pas de force à fleurir avant deux ou trois autres années.

Comment donc suffire aux demandes, plus nombreuses

d'année en année ? En allant chercher les Orchidées dans leur pays natal.

Fig. 136. — Cordillière de Marcapata.

Pour quelques-unes, c'est chose facile ; elles abondent en certains lieux bien connus, aisément abordables, et supportent sans grand dommage la traversée ; mais celles qui vivent bien

7

loin dans l'intérieur des terres, hors de toutes les routes fréquentées, ou dans des contrées malsaines, au fond de forêts inextricables, de déserts où manquent tous les genres de ressources ;
celles surtout qui habitent les hautes zones, où l'on n'arrive
qu'à travers mille dangers, sous un ciel dont la rigueur est
intolérable, celles-là ne parviennent chez nous qu'avec de grands
frais et des difficultés inouïes. La population manque sur ces
hauteurs ; les moyens de transport y sont introuvables. Il faut
tout amener avec soi, guides, porteurs, mules, vivres, armes,
caisses d'emballage. Heureux quand, la récolte faite, le précieux
colis ne roule pas avec les porteurs au fond d'un précipice ou
dans l'onde furieuse d'un torrent (fig. 136).

Puis, si l'on a achevé avec bonheur ce long et périlleux
trajet, et qu'on arrive au port d'embarquement, surviennent
des embarras nouveaux. Le climat est trop chaud, la fermentation et la pourriture envahissent les caisses. Si le navire n'est
pas prêt à temps, ou si la traversée est trop longue, le fruit de
tant de peines est gravement compromis. On a calculé sur un
voyage de deux mois, mais à cause du temps perdu, au lieu
d'arriver ici en automne, les Orchidées débarquent en hiver. La
gelée les menace en route et au port, et en admettant qu'elles y
échappent, la longue saison d'hiver qu'elles ont à subir avant
d'être enracinées doit être fatale aux plus délicates.

On ne peut donc s'étonner du haut prix que la plupart des
Orchidées conservent, sinon toujours, au moins pendant de
longues années. Les voyages d'exploration sont très dispendieux,
les résultats en sont problématiques, et trop souvent ils coûtent
des vies d'hommes. Et ce ne sont pas de vulgaires chercheurs
de plantes qui peuvent accomplir de telles entreprises : il y faut,
outre la santé et l'énergie, des connaissances sérieuses et variées.
Bien des hommes d'avenir, bien des savants déjà remarqués y
sont morts à la tâche.

Ajoutons que nombre d'espèces très précieuses, très enviées
des amateurs, sont rares même dans leur patrie, et qu'il y en a
dont on n'a pu découvrir qu'un seul exemplaire. D'autres sup-

portent très mal le voyage, et importées cent fois, c'est à peine si l'on en possède un exemplaire viable. Enfin viennent les erreurs inévitables : un voyageur n'arrive pas tout juste pour voir la floraison des plantes qu'il recueille ; et pour connaître les plantes défleuries, les caractères sont tellement incertains, les ressemblances de port, de bulbes, de feuillages sont parfois si complètes entre des espèces très différentes, qu'il faut faire une assez large part aux déceptions.

Lorsqu'on se bornait à recueillir les premières Orchidées qui se présentaient aux environs des ports de relâche, de semblables difficultés n'existaient pas, et bien aoûtées par le soleil équatorial, préparées d'ailleurs par la nature à de longues périodes de sécheresse, elles pouvaient voyager des mois sans grand dommage ; mais ces espèces côtières étaient peu nombreuses et de mérite secondaire ; en outre, elles exigeaient, à raison de leur origine, de hautes températures, et comme longtemps elles ont formé le fond des collections, il en est résulté que l'on a appliqué à toute la famille un système de culture bon tout au plus pour la moindre partie.

De nos jours, où les grandes collections d'amateurs comptent jusqu'à mille espèces qui seront difficilement surpassées, la recherche des nouveautés devient de plus en plus pénible et coûteuse. On va les pourchasser dans des provinces à peine connues des géographes, sur des plateaux inhabitables, à plusieurs centaines de lieues des ports. Aussi, acheter une Orchidée au poids de l'or n'est nullement une hyperbole. Il s'en vend tous les jours, des *Masdevallia* (fig. 137 à 139) par exemple, qui ne pèsent presque rien, pas le quart de leur valeur en or.

Il est né de ce haut prix des bonnes Orchidées un genre de spéculation qui se pratique sur une assez large échelle : des botanistes, opérant à leurs propres risques, expédient en Europe de grandes quantités d'Orchidées qui se vendent publiquement à Londres. De certaines espèces il s'importe ainsi des centaines d'exemplaires, non pas de chétives plantes, comme en renferment le plus souvent nos serres, mais des touffes parfois

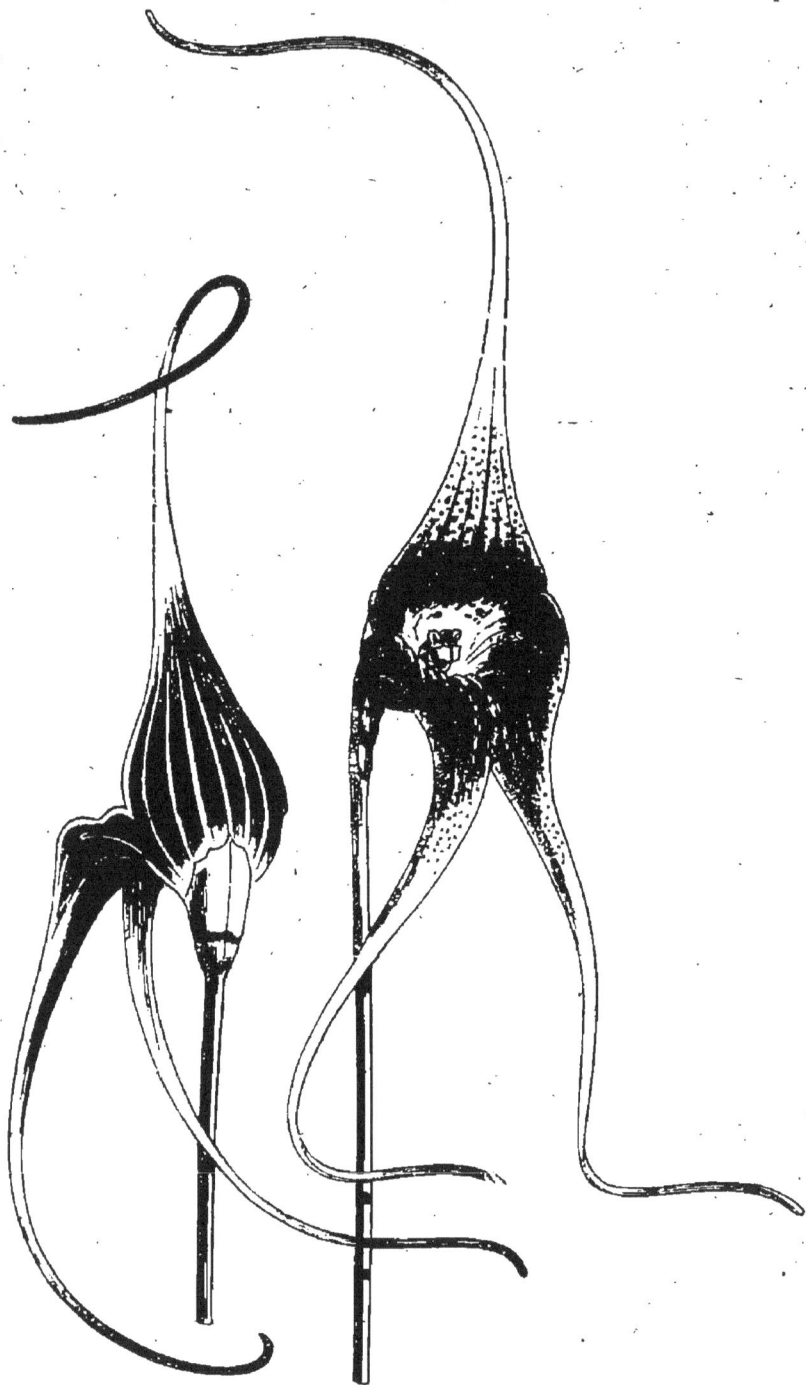

Fig. 137 et 138. — Masdevallia macrura.

énormes, avec cinquante, cent, deux cents bulbes, que recherchent les possesseurs des splendides collections anglaises.

On va croire qu'ainsi introduites à profusion d'une seule
province, ces Orchidées vont encombrer le marché et se débiter

Fig. 139 — Masdevallia macrura.

à vil prix ; nullement. Il est bien vrai qu'à saisir le moment on
gagne d'en obtenir quelques-unes à des conditions modérées,
mais ces belles plantes sont promptement dispersées, classées
dans les collections, et conservent après tout leur valeur vénale.

Des esprits chagrins s'élèvent contre cette dépopulation des
forêts vierges au profit de l'horticulture européenne. On affirme
que de très belles espèces sont en train de disparaître de leur

lieu natal, et que si l'on continue, beaucoup d'entre elles deviendront introuvables. On peut ajouter, à l'égard d'un petit nombre, que nos serres n'en seront pas plus riches, attendu qu'elles meurent l'une après l'autre, en voyage ou dans nos collections ; mais, pour deux ou trois espèces perdues ou supposées telles, combien, introduites en exemplaire unique ou à peu près, se sont multipliées avec le temps et ont leur place chez tous les amateurs !

D'autres se préoccupent de l'avenir réservé aux collectionneurs des générations futures. Ils disent que quand on aura, avec une précipitation fiévreuse, tout fouillé, tout exploité, il ne restera plus à découvrir que des bagatelles, et que, faute de nouveautés, l'ardeur s'éteindra.

Nous avouons n'avoir qu'une médiocre tendresse pour ces déserts menacés de perdre quelques joyaux de leur écrin, de même que notre sollicitude s'étend avec peine jusqu'à cet avenir trop tôt prédit. Si l'on veut bien se rappeler que les Orchidées épiphytes habitent une zone de 1500 lieues de large et de 9000 de tour, et que dans cette circonférence sont comprises d'immenses contrées qui n'ont encore rien donné, on peut se convaincre que les recherches de nos successeurs ne demeureront de longtemps stériles, et qu'il leur est réservé tout autant de jouissances qu'à la génération présente.

TRAITEMENT DES ORCHIDÉES IMPORTÉES. CULTURE NORMALE DANS LES SERRES. — Lorsque l'on reçoit des Orchidées venant directement des pays d'origine, il n'est pas sans importance de les déballer hors de la serre, afin de n'y pas introduire sans le vouloir certains insectes ravageurs, des blattes par exemple, qui se glissent ou éclosent dans les emballages, et font la traversée avec les plantes. Nous avons assez d'ennemis de ce genre sans en importer de nouveaux.

Les plantes, déballées avec prudence, sont d'abord débarrassées de toutes les parties pourries ou desséchées : feuilles, racines, etc. Les rhizomes, tiges ou pseudo-bulbes morts sont coupés net et jusqu'au vif. On lave ensuite à l'eau claire et tiède tout ce qui vit, feuilles, pseudo-bulbes, en évitant avec grand soin d'offenser les bourgeons reproducteurs ou de casser les racines vivantes. Ce lavage n'a pas seulement la propreté pour but : il doit faciliter la respiration des plantes, dont la poussière obstrue les stomates, et les débarrasser des parasites, kermès, cochenilles, etc., qui les épuisent.

Ceci fait, on les introduit dans une serre modérément chaude, plutôt au-dessous qu'au-dessus du degré nécessaire à leur croissance normale, et on les dépose à nu sur une tablette couverte d'un lit très léger de mousse sèche. On les ombrage fortement durant les premiers jours, moins ensuite, de manière à les habituer à la lumière (non au soleil direct) en une semaine ou deux. Ces premiers temps exigent de la patience ; rien ne sert de les chauffer, de les mouiller ou de les rendre trop tôt à la pleine lumière, avant qu'elles sortent d'elles-mêmes de leur repos forcé en produisant des bourgeons et des racines. Hâter ce moment par des excitants serait tout compromettre. Après quelques jours, plus ou moins, selon que les plantes sont arrivées en bon état ou qu'elles ont souffert, on commence à les seringuer légèrement avec une pomme très fine, et l'on augmente progressivement l'humidité, l'air, la lumière et la chaleur pour celles qui se mettent en végétation. Après une quinzaine, elles sont d'habitude rentrées dans les conditions normales, sinon de plantes établies, au moins de bonnes multiplications : on peut alors les planter à demeure, en pots, en corbeilles ou sur bois, et leur donner les soins ordinaires, sauf les arrosements, qui seront toujours modérés (sans sécheresse), jusqu'à ce qu'elles soient suffisamment pourvues de nouvelles racines.

Il nous semble qu'au point où nous voilà parvenus, la culture normale des Orchidées intertropicales ne doit pas présenter d'obscurités. On sait ce qu'elles sont, d'où elles viennent, comment elles croissent, sous quelles conditions de sol, de chaleur, de lumière et d'air. Il ne reste à voir que les procédés au moyen desquels on leur assure, dans nos pays du Nord, non

Fig. 146. — Serre à Orchidées de M. Warner (voir page 111). (D'après le *Gardeners' Chronicle*.)

pas tout ce qu'elles trouvent dans leur patrie, mais assez de tout cela ou d'équivalents pour végéter franchement et nous donner des fleurs.

Avant toutes choses, on aura une bonne serre. Ce n'est pas qu'on ne puisse cultiver des Orchidées avec quelque succès dans la plupart des serres ; mais dès que l'on entreprend une culture spéciale, celle-là ou une autre, on doit vouloir que les moyens soient bien appropriés au but, autrement on s'impose des soins surabondants et trop souvent stériles.

Mais qu'est-ce qu'une bonne serre ? Celle-là, naturellement, qui satisfait promptement, sûrement et avec le moins de peine aux conditions imposées par la nature des plantes à cultiver. Dans notre cas spécial, les Orchidées ont besoin d'un minimum de chaleur, de beaucoup de lumière, d'un air pur et renouvelé, autant que possible, et d'une atmosphère vaporeuse, saturée d'eau presque en tout temps.

Nous ne pouvons rien ajouter d'utile à la somme de lumière que nous dispense le soleil ; notre unique soin doit être de n'en rien perdre. La serre sera donc construite dans un lieu bien ouvert, où ni arbres ni bâtiments ne lui porteront ombre en hiver, et exposée le plus directement qu'il se pourra aux rayons solaires.

On préfère les serres à deux versants, cages de verre où la lumière pénètre par tous les côtés. Cependant on réussit très bien à cultiver les Orchidées dans une serre à un versant, adossée aux bâtiments ou aux murs de clôture, la seule qui soit possible dans une foule de cas.

Une bonne pratique et très usitée est de tenir l'aire de la serre en contre-bas du sol. On y descend par deux marches. Cela suffit pour qu'elle soit plus facile à chauffer et à humidifier.

Confluent du Murrey et du Darling (Australie).

CHAPITRE VI.

SERRES ET JARDINAGE.

DESCRIPTION DES SERRES. — La forme d'une serre ne peut pas s'écarter beaucoup de certaines conditions élémentaires, et les dimensions de quelques parties sont également soumises à des lois à peu près fixes. Nous entendons ici la serre d'amateur, où les plantes sont tout, et non la serre de fantaisie et de luxe, où elles ne sont qu'un prétexte.

Nous devons cependant une mention à la serre pittoresque, serre *nature*, avec vallonnement, pièce d'eau, rocher et cascade. C'est le jardin chinois mis sous verre. On peut en tirer de jolis effets; mais nous conseillons, au milieu de toutes ces fantaisies de décoration, de ne pas perdre de vue les lois essentielles auxquelles la culture des Orchidées est plus que toute autre assujétie.

La serre la plus simple consiste en une toiture rectiligne, fer ou bois, reposant sur deux murs d'inégale hauteur. Bien des amateurs d'Orchidées, et plus encore bien des horticulteurs, s'en contentent et s'en trouvent bien. Avec des murs égaux et une toiture à deux versants, elle est d'un excellent usage, surtout comme serre chaude humide. Il est indispensable que ce genre de serres soit de deux ou trois marches en contre-bas du jardin. Le défaut qui leur est inhérent, et qui les fait rejeter à tort, est de manquer totalement d'élégance.

On remédie à ce défaut et à la difficulté d'obtenir une circulation commode sous ce toit trop surbaissé, en élevant moins les murs d'appui, et en les surmontant d'un vitrage vertical; mais on tombe souvent dans l'excès contraire en donnant à ce vitrage une hauteur inutile. Pour les Orchidées, nous recommandons de se borner à 50 à 70 centimètres, et plutôt 50 qu'au delà. Les figures 143 à 146, plans des serres du Fleuriste de la Ville de Paris, donneront des indications utiles sur les grandes constructions.

La serre à Orchidées doit être peu élevée, afin que les plantes, suffisamment rapprochées partout du vitrage, soient plus directement éclairées. La chaleur y sera plus égale, l'humidité mieux répartie, le service des ombrages d'été et des couvertures d'hiver plus facile. Trois mètres au faîte sont un maximum, et avec cette hauteur on peut donner une pente suffisante à la toiture vitrée d'une serre à un versant, large de 2m,50 à 3 mètres. Pour une largeur de 2 mètres à 2m,50, la hauteur ne devrait guère dépasser 2m,50.

La serre à deux versants n'étant que la réunion dos à dos de deux serres simples, les mêmes proportions s'appliquent aux deux cas.

La partie inférieure du vitrage reposera directement sur les petits murs d'appui ou sur un vitrage vertical superposé. Le tout réuni ne devra avoir que la hauteur nécessaire, d'abord pour que le sommet des plantes soit à 30 ou 40 centimètres du vitrage, ensuite pour que la toiture soit, au plus bas, à 1m,70 ou 1m,80 à l'endroit du sentier.

Les serres en bois sont préférables pour la culture des

Orchidées de serre chaude ou tempérée. La chaleur y est plus égale et plus durable, et les vapeurs s'y condensant moins, les plantes n'y sont pas autant exposées à recevoir ces douches glaciales qui tachent les feuilles et font pourrir les jeunes pousses.

Les serres en fer à toiture curviligne, très légères, assez élé-

Fig. 143. — Coupe en travers.

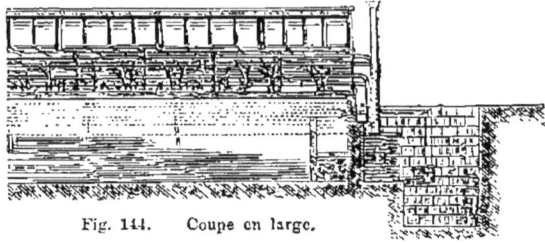

Fig. 144.   Coupe en large.

Fig. 145. — Plan de la Serre.

A. Plan au-dessus des bâches. — B. Plan au niveau du vaporisateur. — C. Régulateur thermo-électrique. — D. Robinet à gaz communiquant avec le régulateur. — E. Calorifère. F. Petit réservoir d'eau muni d'un flotteur — alimentant le calorifère. — G. Vaporisateur. H. Conduit d'eau chaude.

gantes de forme, ont au plus haut degré les défauts signalés. Les vitres ne s'y recouvrent que sur une simple ligne ; il faut les mastiquer en dedans. Les couvertures d'hiver s'y appliquent mal, à moins d'appareils spéciaux.

Le verre doit être blanc ; tout ce qui dénature la lumière est nuisible. On préférera le verre de double épaisseur.

Restent les aménagements intérieurs ; dans la serre-type, ils sont des plus simples : une tablette règne sur le devant, ou tout autour si la toiture est à deux versants. Elle est à la même hauteur, ou à peu près, que les murs d'appui ; plus bas de 20 ou

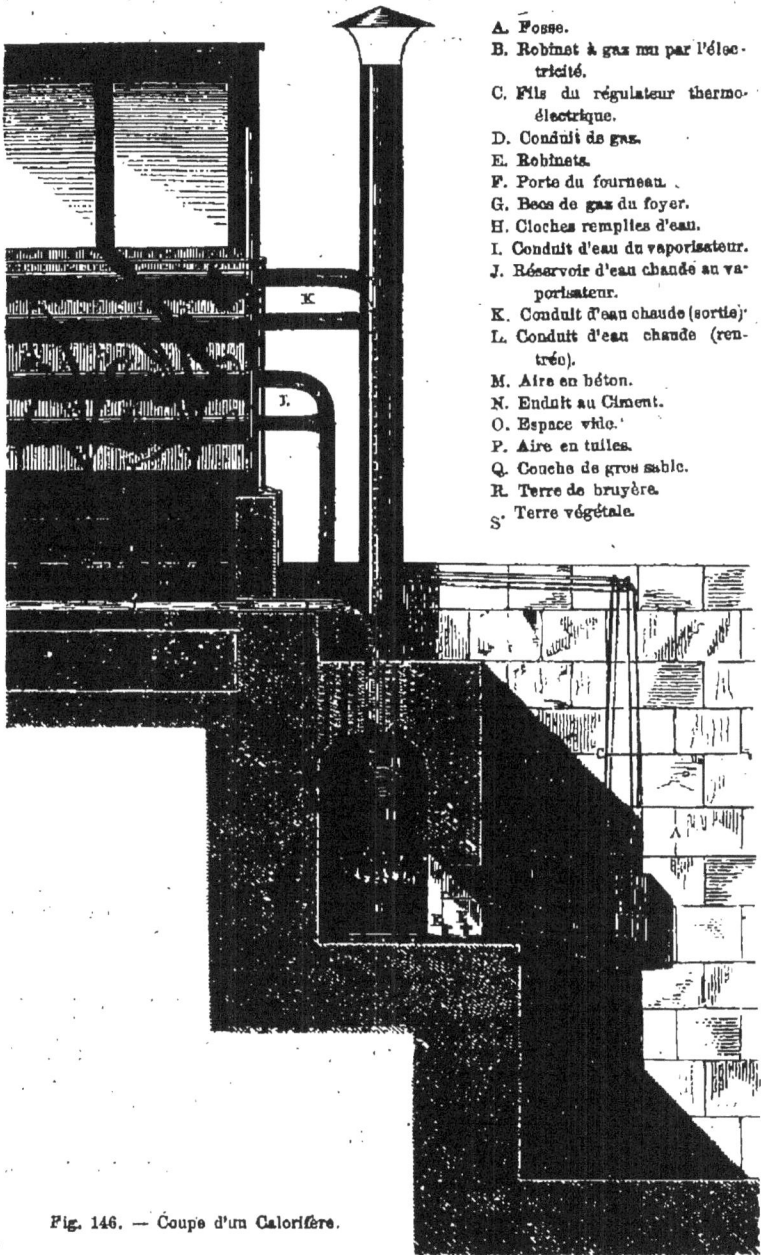

A. Fosse.
B. Robinet à gaz mu par l'électricité.
C. Fils du régulateur thermo-électrique.
D. Conduit de gaz.
E. Robinets.
F. Porte du fourneau.
G. Becs de gaz du foyer.
H. Cloches remplies d'eau.
I. Conduit d'eau du vaporisateur.
J. Réservoir d'eau chaude au vaporisateur.
K. Conduit d'eau chaude (sortie)
L. Conduit d'eau chaude (rentrée).
M. Aire en béton.
N. Enduit au Ciment.
O. Espace vide.
P. Aire en tuiles.
Q. Couche de gros sable.
R. Terre de bruyère.
S. Terre végétale.

Fig. 146. — Coupe d'un Calorifère.

30 centimètres, si le toit est rectiligne et repose directement sur le mur. La largeur de cette tablette ne doit pas dépasser

1 mètre, sinon une partie des plantes sont trop loin des yeux et de la main. Dans la serre chaude-humide, le bois pourrit promptement ; il y aura avantage et sécurité à adopter des supports en fer et des tablettes en dalles minces de schiste ardoisier ou de quelque matière d'égale durée.

Après les tablettes vient le sentier, qui court parallèlement sur une largeur variant de 65 centimètres à 1 mètre, suivant l'espace dont on dispose et les convenances particulières.

Le reste de l'espace, entre le sentier et le mur de fond, si la serre n'a qu'un versant, est occupé par une table, une bâche, ou préférablement par des tablettes en gradins, qui rapprocheront les plantes de la lumière. Si la serre est à deux versants, la bâche remplira le milieu entre les deux sentiers, et le gradin sera à peu près inutile (fig. 140, pages 104 et 105).

Les vitres devront se recouvrir exactement, sinon on interposera du mastic pour intercepter l'air. Portes et châssis fermeront hermétiquement. Ce sont là des conditions indispensables au plus fort de l'hiver. Mais ici se présente une autre question, celle du renouvellement de l'air, quand la saison le permet. Le temps est passé où l'on croyait devoir emprisonner les Orchidées dans une serre toujours close, étouffée, disait-on. On a reconnu que même les indiennes aiment l'air, pourvu qu'il ne soit ni froid ni desséchant, et que les espèces de plateaux élevés ne sauraient en avoir trop, sous les mêmes réserves. De là nécessité de donner à la serre des ouvertures assez larges et en nombre suffisant pour une ventilation complète.

Les prises d'air seront au ras du sol, près des tuyaux de chauffage, et non point directement devant les tablettes ; des châssis placés tout au faîte leur correspondront en livrant passage à l'air échauffé. Lorsque l'on ouvrira partout, il en résultera un courant d'air plus ou moins vif, précieux dans le petit nombre de jours où l'air du dehors est saturé d'humidité, comme pendant les pluies chaudes d'été, mais qu'il faudra généralement modérer en n'ouvrant que partiellement ; ceci est affaire de pratique, et non plus de construction.

Nous conseillons, quoiqu'il nous en coûte, d'éviter les constructions en rocailles, en bois brut, en écorce de liège, etc.,
refuges inviolables d'où les limaces, les cloportes, les blattes
sortent la nuit pour commettre d'horribles déprédations, et
bravent le jour la colère impuissante du jardinier.

CHAUFFAGE DES SERRES. — Il n'est pas impossible, à la rigueur,
de chauffer une serre à Orchidées avec le premier appareil venu :
un conduit de fumée, un calorifère à air chaud, voire même un
poêle à gaz ou à charbon placé à l'intérieur, pourvu que ni
fumée ni gaz d'aucune sorte ne s'en échappent, que la chaleur
produite soit égale et modérée, et ne dessèche pas l'atmosphère.
Mais ces conditions indispensables sont tout au moins difficiles
à maintenir avec de tels moyens, et c'est pour cela qu'on adopte
partout le chauffage à l'eau, le thermosiphon.

Ce mode de chauffage a été l'une des découvertes les plus
précieuses dont l'horticulture se soit enrichie. Chaleur meilleure, plus saine aux plantes, mieux répartie, moins dessé-
chante, parce qu'elle agit au moyen de surfaces modérément
chaudes, promptitude et facilité d'action, durée plus longue de
la chaleur produite, il réunit tous les genres de supériorité et ne
consomme pas autant de combustible que les autres systèmes.

Les frais d'établissement sont, à la vérité, assez élevés ; on
peut les évaluer au tiers de toute la dépense; mais il n'y a pas
à hésiter, et d'autant moins qu'une fois établi, un bon thermosiphon ne coûte, pendant de longues années, ni réparations ni
entretien.

On a inventé une foule de dispositions pour les chaudières ou
bouilleurs, afin d'utiliser le plus possible la chaleur produite.
Chaque constructeur a son système préféré, et l'on peut dire
qu'aucun n'est mauvais. La fabrication de ces appareils est devenue une industrie courante, à laquelle il faut avoir recours pour
s'éviter des mécomptes.

On emploie presque partout les tuyaux de 10 centimètres de
diamètre, plus rarement de 8, en fonte de fer. Les bons fon-

deurs en produisent aujourd'hui dont l'épaisseur ne dépasse pas
5 millimètres, et dont les joints, faciles à ajuster, ne donnent
lieu à aucune fuite. Le fer étiré commence aussi à être en
usage. Dans les petites serres seulement on peut se servir du
cuivre, excellent, mais trop cher, et même du zinc de première
qualité, n° 16, dont la durée est très satisfaisante[1].

Si les Orchidées aiment la lumière, elles craignent l'action
directe des rayons solaires dans la saison où ils ont de la force.
Les moyens d'ombrer une serre au degré convenable et suivant
les saisons doivent être l'objet d'un choix judicieux. Les personnes très sédentaires ou les jardiniers de profession peuvent
user de rideaux de canevas ou d'une autre étoffe très légère, de
claies, etc., qu'elles étendront seulement en cas de besoin ; mais
si l'on n'est pas certain d'être toujours là à point nommé, on
devra avoir recours aux badigeonnages en blanc d'Espagne fixé
par un encollage.

On combine quelquefois les deux moyens : un badigeonnage
très clair pour le premier besoin, et un rideau quand le soleil
prend trop de force. Quelque moyen que l'on emploie, du
reste, il ne faut jamais perdre de vue que les Orchidées
tenues trop à l'ombre s'étiolent et ne fleurissent pas.

Lors de la construction d'une serre, il est toujours utile de
fixer au faîte un mécanisme quelconque pour accrocher ou
enrouler les rideaux en été et les paillassons en hiver.

Les paillassons ne sont pas indispensables, mais ils sont
d'une grande ressource dans les froids subits ou excessifs, lorsque le calorifère ne fonctionne pas assez vite ou est momentané-
ment insuffisant. Ils sont surtout utiles aux plantes trop rapprochées des vitres. Il ne faut cependant pas en abuser. Les
dérouler trop tôt le soir, les enlever trop tard le matin ; c'est ôter
de la lumière aux plantes dans une saison où elles n'en ont
jamais assez.

---

[1] Les personnes qui désirent approfondir ces questions de construction de
serres, de chauffage et de pratique horticole, pourront consulter notre livre : *Les
Plantes de Serre*, traité théorique et pratique, etc.

Nous ne sommes même pas bien certain que l'usage des paillassons, des volets et de tous les corps opaques qui servent
d'auxiliaires au chauffage, soit à conseiller. La lumière de la
lune et des autres astres de la nuit est toujours de la lumière, et
il est au moins probable que celle-là aussi a son action sur la
végétation. Ajoutons qu'un bon calorifère doit être d'une puissance calculée pour suffire à tout et toujours.

JARDINAGE PRATIQUE. PLANTATION DES ORCHIDÉES. — Posses-
seur d'une bonne serre et certain de pouvoir la chauffer,
l'humidifier, l'ombrer à sa volonté, l'amateur d'Orchidées
n'aura-t-il plus qu'à se remémorer les notions précédemment
acquises pour cultiver ces aimables plantes aussi bien que personne? Non pas absolument, car, nous l'avons dit, l'imitation
exacte de la nature ne nous est pas possible. Une serre n'a pas
l'air libre des plaines, des plateaux ou des montagnes; la chaleur d'un thermosiphon n'a pas la qualité des rayons solaires;
notre hiver nous refuse la lumière indispensable, et en été
l'ombre de nos rideaux est loin de valoir celle du feuillage préféré ou des brumes lumineuses de l'équateur. Il faut donc, pour
devenir un praticien habile, connaître les procédés, les expédients, les équivalents au moyen desquels on utilise ce que
notre climat et notre ciel mettent à notre portée, ou on supplée
à ce qu'ils nous refusent. Cet art ne s'est pas fait d'un coup; il
est le fruit de l'expérience éclairée par l'étude; et tandis qu'à
une époque encore bien voisine de nous, ses procédés empi-
riques, personnels, mystérieux, étaient trop souvent dénués de
sens, l'horticulture moderne opère d'après des principes fixes,
universellement répandus, démontrables, basés enfin sur la connaissance de la nature.

Plus qu'aucune autre, la culture des Orchidées est entrée
dans cette voie, et l'on va voir, par le résumé qui suit, combien
elle est simple et facile.

Nous avons dit qu'une fois en végétation, les Orchidées
importées devront être plantées à demeure. Leur culture se

confond donc, dès lors, avec celle des plantes établies ou des multiplications que l'on obtient par la division de celles-ci.

La plantation, opération capitale, se fait en pots, en corbeilles ou sur bois (fig. 147).

Ce dernier mode, applicable aux Épiphytes seulement, est souvent préféré au début, dans la période où les plantes, mal remises, peu ou point enracinées, craignent surtout l'humidité stagnante. Dans les serres basses et humides, et quand on peut s'astreindre à les mouiller deux ou trois fois par jour, pendant

Fig. 147. — Phalænopsis amabilis (¹/₂ gr. nat.).

tout l'été, les Épiphytes reprennent fort bien sur une bûche de bois sec ou sur une écorce de liège brut ; mais cette imitation très libre de la nature pèche par plus d'un côté. Quelques plantes de petite ou de moyenne taille, se nourrissant de peu, prospèrent dans cette condition ; le plus souvent, après une année ou deux d'expérience, on met la plante avec sa bûche dans un pot, où elle acquiert plus de vigueur et fleurit plus abondamment.

Dans le principe on n'employait que les bois revêtus de leur écorce, surtout ceux à écorce rugueuse ou spongieuse. Bientôt l'écorce se détachait ou pourrissait ; la plante ne tenait plus à rien, ou gagnait la pourriture. Aujourd'hui on emploie le bois écorcé, sur lequel on fixe la plante par un fil de plomb, de cuivre ou de zinc. Entre la bûche et la plante on interpose une mince couche de *sphagnum* (mousse blanche des marais), pour maintenir l'humidité favorable à l'émission des racines. Celles-ci ne tardent pas à s'attacher au bois, dont il devient impossible de les arracher. Celles qui ne rencontrent pas de support solide, flottent dans l'air (fig. 148).

On entoure de la même mousse le pied des plantes reprises,

Fig. 148. — *** Oncidium janeirense, ** Pouthiera, * Trichopilia.

afin de n'être point obligé de mouiller aussi souvent, et peut-être pour fournir, par décomposition lente, la nourriture nécessaire aux racines.

Cette culture étrange et pittoresque tente presque toujours les débutants, mais elle exige des soins trop assidus, et mieux vaut de beaucoup en limiter l'usage.

Les bois compacts et peu sujets à une décomposition rapide sont les seuls bons. On cite l'acacia, le pommier, le poirier, le cerisier, l'érable, le coudrier — et le liège brut. Ces mêmes bois sont les meilleurs pour confectionner les corbeilles à jour, en rondelles croisées, où l'on cultive les *Stanhopea* (fig. 149), les *Acineta*, les *Gongora*, les *Coryanthes* et les autres espèces à fleurs infra-verticales ou pendantes. On les emplit de *sphagnum* mêlé, si l'on veut, de fragments de terre de bruyère.

Fig. 149. — Stanhopea Martiana (¹/₂ gr. nat.).

Ces corbeilles ne doivent être ni larges ni hautes ; elles conviennent encore pour quelques genres dont les racines pourrissent trop facilement dans les pots, pour peu que le drainage soit insuffisant et le compost mal fait.

La plantation en pots est, après tout, la plus simple et la meilleure, aussi est-elle universellement adoptée ; mais le succès en est subordonné à l'observation de certaines règles que l'expérience a dictées.

Les pots généralement employés sont de la forme ordinaire, en terre poreuse, qui ne doit pas être cuite jusqu'à vitrification. Cependant on emploie, pour les très grands exemplaires, des terrines plus larges que hautes, percées de trous assez nombreux pour suppléer à l'insuffisance du drainage. Ces terrines sont beaucoup moins lourdes que les pots, auxquels on peut les substituer dans tous les cas, mais sans avantage marqué.

Le prompt et complet écoulement des eaux surabondantes après l'arrosement est ici de première nécessité. Si, d'une part, les Orchidées, hors la saison de repos que l'on accorde à quelques-unes, ont besoin d'arrosements très fréquents et très copieux, d'autre part l'eau stagnante, dans un vase privé d'air, est fréquemment fatale à leurs racines ainsi qu'aux rhizomes, dont la perte entraîne celle de toute la plante. Là est le point délicat de cette culture, la difficulté devant laquelle on a échoué longtemps. Pareil danger n'existe plus quand les plantes sont dans un *compost* très léger, perméable à l'air, et qui s'égoutte immédiatement quand on lui a donné plus d'eau qu'il n'en peut retenir.

On draine avec des fragments de briques ou de coke, et préférablement avec des tessons de pots. On pose les plus larges au fond, la convexité en haut, en laissant beaucoup de vide, puis de plus petits à la surface. Si le vase est grand, on met au fond un petit pot renversé, et l'on emplit le reste du vide avec des tessons, le tout jusqu'à moitié environ de la hauteur du vase pour les Orchidées épiphytes, jusqu'au quart pour les terrestres, beaucoup moins si l'on se sert de terrines largement percées au fond et sur les côtés.

Au-dessus de ce drainage, il est nécessaire de placer une couche de sphagnum de 1 centimètre d'épaisseur, bien tassée, dans le but d'empêcher les matières terreuses de descendre avec l'eau et d'en obstruer à la longue les cavités.

SOLS, COMPOSTS, PLANTATIONS. ≡ Les Orchidées, nous l'avons dit, se prêtent, comme les autres plantes, à bien des accommodements, pourvu que ceux-ci ne soient pas en contradiction avec leur nature. La culture en pots des plantes aériennes en est certes un très large. Celui-là admis, les y plantera-t-on dans le sol où se plaisent une jacinthe, un camellia, un palmier ? Elles y périraient dans l'année. Quelles que soient les matières employées, il sera de toute nécessité qu'elles demeurent très perméables à l'air et à l'eau ; que les racines y rampent à l'aise sans y être trop emprisonnées ; que le pied de la plante demeure en liberté, *sur* et non *dans* le sol, au haut d'une surface convexe, jamais dans une cavité.

Ces points admis, et ils le sont partout, la nature et les proportions des éléments qui devront entrer dans le *compost* où on les plantera ne sont plus que des questions secondaires. Là le désaccord commence entre les amateurs. Les uns plantent leurs épiphytes dans du *sphagnum* pur, fraîchement recueilli, vivant ; d'autres y mêlent du sable blanc et du terreau de bruyère ; les plus nombreux préfèrent un compost de *sphagnum*, de gazons de bruyère en fragments, avec des tessons ou du charbon de bois. Les uns et les autres ont des succès. Nous avons vu réussir, au moins partiellement, quand les pots avaient été emplis de gros fragments de gazon de bruyère, ou bien de morceaux de bois en décomposition, ou encore de racines de bruyères, le tout arrangé de façon à laisser passer l'air et l'eau. Obtient-on des succès égaux sur les mêmes espèces par tous ces moyens ? Non, sans doute ; mais aucun n'est mauvais en lui-même, et la façon d'en user est pour beaucoup dans les résultats obtenus.

Il faut bien le dire aussi, il y a dans les succès des uns,

dans les mécomptes des autres, bien des causes que l'on ne parvient pas à saisir. Tel cultivateur excellent ne réussit pas à faire fleurir une espèce qui, chez son voisin, dans des circonstances pareilles ou considérées comme telles, croîtra sans soins et fleurira à profusion. On a vu des collections tenues dans de mauvaises serres, mal exposées, et où prospéraient des espèces qui, transportées ailleurs et cultivées suivant les meilleurs principes, se montraient rétives. Il n'y a rien d'étonnant à cela, puisque l'on sait que les Orchidées ont chacune leur station de prédilection. Donc, point de règle absolue, point de système tout d'une pièce. Celui qui n'a pas d'expérience personnelle, se basera sur celle du plus grand nombre, sauf à réformer, à amender successivement les procédés ou les applications qui ne répondraient pas à son attente. L'essentiel est de respecter toujours les lois de la nature.

La plantation en corbeilles exclut le drainage. Aérées de tous côtés, les racines n'ont pas à craindre l'eau stagnante. On couvre le fond de la corbeille de sphagnum, et l'on pose sur ce lit les racines de la plante. Nous entendons les racines saines, car les mortes doivent être soigneusement supprimées dans toute leur longueur. On introduit délicatement entre les racines de nouveau sphagnum ou un compost mieux approprié, et dans toute cette opération on s'efforce de ne blesser ni briser les jeunes racines, qui sont très fragiles. Il vaut mieux, on le conçoit, opérer dans la saison du repos, ou quand de nouvelles racines commencent à se montrer à la base des jeunes pousses.

S'il s'agit d'une plante qui ait peu ou point de racines, on se bornera à la fixer à la surface au moyen de quelques chevilles de bois.

On opère à peu près de même pour la plantation en pots ou en terrines plates, après avoir préalablement bien soigné le drainage; mais ici le récipient sera rempli jusqu'au bord, et le sol s'élèvera vers le centre en surface convexe, de telle sorte que la base de la plante soit plus élevée que les bords du pot.

Nous ne saurions trop insister sur cette règle, que les racines seules·d'une Orchidée épiphyte peuvent être enterrées (nous ne disons pas qu'elles *doivent* l'être), et que la base des tiges aériennes ou des rhizomes ne peut que reposer sur le sol.

Il y a, quant aux Orchidées terrestres, des divergences d'opinion non moins grandes et qui dérivent également de la nature des choses. Entre le *Disa*, qui croît au·bord des ruisseaux, les racines·dans la·vase et ombragé par les grandes herbes, et le ·*Catasetum*, habitant des plaines arides et nues, il y a autant de distance qu'entre les *Pleione*·rampant entre les mousses et le *Cypripedium irapeanum*, qui s'enfonce profondément dans l'argile. Soumettre à un traitement uniforme ces plantes de mœurs si·dissemblables, c'est courir à·des déceptions. Il y a donc des Orchidées terrestres qu'on peut parfaitement planter dans le sphagnum pur, tandis que d'autres n'aimeront qu'un sol plus compact. Le tout est de savoir discerner.

On nous demandera sans doute à quels signes, à quelles particularités de structure se reconnaissent les unes et les autres: Nous regrettons de dire que s'il en existe, comme nous le croyons, ils n'ont pas été suffisamment étudiés, et que l'on n'a pas, à cet égard, d'autre guide que l'expérience ou les rapports des voyageurs.

On ne plante les Orchidées terrestres qu'en pots ou en terrines. Les très grands·exemplaires de *Sobralia*, de *Cyrtopodium*, etc., seront au mieux dans des caisses de bois.·L'usage général est de leur composer un sol où le·terreau de feuilles (terre de bruyère), le sphagnum et le gazon des prairies d'alluvion entrent pour parties égales, avec un peu de sable ou de fin gravier, et, suivant les Anglais, une petite quantité de·bouse de vache séchée et pulvérisée. Le gazon de prairie devra être levé et mis en·tas longtemps à l'avance. On modifie ce compost en faisant prédominer l'un ou l'autre élément, suivant la nature connue de·la plante.

Les pots ne seront pas remplis jusqu'au bord; on laissera place pour un bon arrosement. L'usage est de couvrir la surface du sol, pour les Épiphytes surtout, d'une couche de sphagnum

vivant. Si l'on en prend seulement les têtes, à la longueur de
2 à 4 centimètres, et qu'on les dépose en couche de 1 centimètre
d'épaisseur sur la terre, en le tenant bien humide, il ne tarde
pas à s'enraciner et demeure vivant une bonne partie de
l'année. Outre l'avantage de conserver l'humidité, de faciliter
les arrosements et de donner aux jeunes racines un milieu où
elles se plaisent, le sphagnum a encore celui de servir d'indi-
cateur. Ayant à peu près les mêmes besoins d'eau, d'ombrage,
etc., que les Orchidées, il se plaît dans leur société, et s'il
souffre ou périt, on doit se mettre en garde.

LES ENGRAIS ET LES AGENTS CHIMIQUES. — Nous touchons
maintenant à une question fort intéressante et à peu près nouvelle, du moins en ce qui concerne les plantes épiphytes. Tout
le monde sait qu'une plante épuise plus ou moins le sol où
elle vit, c'est-à-dire qu'ayant à extraire de ce sol certains éléments qui sont nécessaires pour son développement, elle y
raréfie ces éléments. qui finissent par s'épuiser s'ils ne sont
pas remplacés. La plante alors ne peut manquer de dépérir et
de disparaître tôt ou tard.

Pour qu'il en soit autrement, il faut que la nature ou l'art
lui refournissent ces éléments à mesure qu'elle se les approprie.
Nous disons « la nature », parce que la décomposition des roches
ou celle des matières organiques qui tombent sur le sol, peuvent
pendant longtemps et même toujours subvenir aux besoins de
la végétation.

Si la plante est dans un sol suffisamment profond et meuble,
elle y dispersera ses racines à des distances souvent considérables, dans la proportion de sa force et de son pouvoir
d'absorption, et ainsi elle végétera très longtemps au même
lieu, comme fait le chêne de nos forêts. Mais si le développement des racines est enrayé par quelque cause et que, dans le
sol où elles sont confinées, les matières assimilables ne se reproduisent pas en suffisance, le développement est arrêté, le chêne
se couronne, la plante maigrit et ne donne qu'une pauvre
floraison; la moisson ne vaut pas les frais de culture.

Alors l'agriculture, le jardinage appellent à leur aide les amendements et les engrais ; mais les Orchidées, qui sont censées ne demander rien ou presque rien au sol, les espèces épiphytes qui vivent la plupart sans toucher la terre, font-elles absolument exception au plan général? Celles qui croissent dans ou sur le sol, sur les rochers, n'ont-elles pas besoin de s'assimiler certaines substances minérales ou organiques? Les épiphytes ne doivent-elles pas trouver dans l'atmosphère qui les environne certains gaz en mélange qui leur sont particulièrement utiles? La décomposition des mousses où rampent leurs racines ne leur fournit-elle pas des aliments? Les eaux du ciel, les poussières, tout ce qui flotte dans l'air, ne leur apportent-ils pas, même dans la station la plus aérienne, une quantité suffisante d'éléments plastiques ?

Il faut bien croire qu'il en est ainsi, car rien ne se fait de rien, et une plante n'est pas un laboratoire de chimie. D'ailleurs plus d'une expérience directe a prouvé que les Orchidées, même épiphytes, ne sortent pas du plan général de la nature, mais se nourrissent à peu près comme les autres plantes. Dès lors, là où les matières assimilables sont en quantité insuffisante, il doit être possible, il doit être essentiel d'y suppléer par des moyens artificiels.

Il y a longtemps que beaucoup de cultivateurs anglais, assimilant à cet égard les Orchidées terrestres aux autres plantes de pleine terre, mêlent au compost dans lequel il les plantent un peu de bouse de vache séchée et pulvérisée ou, à son défaut, du crottin de cheval. Il faut se garder d'abuser de ce moyen : l'engrais ne peut jamais être un élément constitutif du sol. Il y a plus : nous pensons que, dans le cas donné, l'addition d'un peu d'engrais solide au compost ne peut avoir qu'une utilité minime. On plante les Orchidées, terrestres ou autres, dans un compost de matières diverses très perméables, à travers lesquelles filtre librement l'eau des arrosements qu'on leur prodigue. Il est impossible que le peu de matière azotée introduit avec la bouse de vache ne soit pas en très peu de temps absorbé ou entrainé par l'eau, et dès lors son action ne peut avoir qu'une durée très limitée. Il nous semble que si un engrais peut être utile, et nous ne doutons pas qu'il puisse l'être, il faudrait le donner non une fois en une ou deux années, lors d'un dépotement, mais de temps en temps, sous forme d'arrosement, ou même chaque fois que l'on arrose, mais alors en quantité très minime.

Jusque-là, d'ailleurs, rien de nouveau : des plantes terrestres se trouvent bien d'une terre amendée, fumée à propos. C'est ce qui se passe ailleurs.

Mais les épiphytes ? Suffit-il, pour leur donner toute la vigueur désirable et en obtenir une floraison luxuriante, de les traiter comme il est d'usage, dans une bonne serre, avec chaleur, eau et le reste, dans des pots remplis à demi de sphagnum et de quelques autres matières ? Et celles qu'on cultive sur bois, de quoi se nourrissent-elles ? L'atmosphère captive de la serre, saturée d'eau de vaporisation, vaudra-t-elle, pour l'alimentation des épiphytes, l'air libre des forêts vierges, chargé des produits gazeux de leur décomposition ?

Il est bien permis d'en douter. Les Orchidées appartiennent la plupart à des régions où la vie est au plus haut degré d'intensité, où les végétaux meurent sur place, où la décomposition des matières organiques est incessante et considérable. L'atmosphère de ces forêts est nécessairement chargée des gaz qu'engendre sans repos cette transformation ; et ne sont-ce pas ces gaz combinés avec les pluies qui entretiennent la vie des plantes, de celles surtout qui n'empruntent rien à la terre? Il n'est pas possible de conserver à cet égard un doute sérieux.

Mais si les mêmes plantes, cultivées dans nos serres, n'ont ni les pluies azotées, ni les gaz, ni les poussières de leur lieu natal, n'est-il pas possible d'y suppléer artificiellement?

A vrai dire, il nous manque certaines données pour résoudre complètement la question. Quelle est exactement la composition chimique des Orchidées? est-elle la même pour toutes les espèces? les mêmes éléments se retrouvent-ils et en quantités égales dans toutes leurs parties ? les productions florales, par exemple, sont-elles de composition identique à celle des tiges, des pseudo-bulbes et des feuilles ? Si non, il faudrait modifier l'engrais, à supposer qu'on puisse en employer un, suivant que la plante développe des tiges ou des hampes florales.

En attendant, et puisqu'on ne peut contester que les Orchidées épiphytes cultivées dans nos serres n'y trouvent pas à point nommé tous les éléments dont elles doivent s'alimenter, par quels moyens peut-on y pourvoir, sinon absolument et toujours, au moins dans une certaine mesure et assez pour faire face aux nécessités urgentes ?

Au congrès de botanique et d'horticulture de Bruxelles en 1876, cette intéressante question a été soulevée par M. de la Devansaye, et le débat a été fort instructif. Cet amateur distingué a cité des faits. Il a cultivé des Broméliacées et des Orchidées en plaçant dans sa serre des tuyaux-gouttières où circulait de l'eau dans laquelle on avait jeté une substance azotée (volatile). Les résultats ont été extraordinaires. Il a ajouté que le savon noir employé dans l'eau avec laquelle il lavait les feuilles de ses palmiers, leur avait également été très favorable.

M. Reichenbach, le savant orchidologue, a rapporté qu'il avait vu dans une serre des Orchidées, surtout des *Phalænopsis* (fig. 150), d'un développement extraordinaire obtenu par un procédé que l'on tenait secret. Il a cependant pu voir qu'on mettait la nuit un engrais sur les tuyaux. Il a ajouté que les plantes ainsi poussées à l'excès, ont une durée très courte et peu de vitalité réelle. M. le professeur Edouard Morren a avancé à son tour qu'il avait, pour cultiver les épiphytes dans sa petite serre chaude, un secret de culture qu'il divulguait volontiers. Il consiste à déposer dans un coin de la serre un morceau de carbonate d'ammoniaque gros comme une petite noix, qui se volatilise en huit jours, et qui fournit à l'atmosphère de la serre un supplément d'acide carbonique et surtout d'ammoniaque.

Enfin tout récemment un amateur éclairé, M. le comte du

Buysson, a publié dans la *Flore des serres et jardins de l'Europe*
les résultats d'expériences qu'il a faites dans le but d'administrer
aux Orchidées épiphytes des engrais mêlés à l'eau des seringuages. Celui auquel il donne la préférence est un guano de
bonne qualité dont il emploie un gramme par litre d'eau. Le
mélange est préparé la veille, bien agité, puis reposé. Il s'en
sert pour seringuer ses Orchidées sur toutes leurs parties, et une
fois par semaine pendant toute la période de croissance. Il conseille fortement de ne point dépasser la proportion indiquée.
Les feuilles n'en sont nullement souillées. Sous cette excitation,
dit-il, ses plantes sont devenues méconnaissables, et de jeunes
sujets auraient fleuri qui, sans cela, eussent exigé des années
de croissance. Deux gouttes d'ammoniaque dans un litre d'eau
de pluie auraient aussi produit d'excellents effets.

Il est impossible de ne pas attacher un grand intérêt à ces
expériences faites par des amateurs consciencieux; et tout en
faisant une part à l'exagération dont les expérimentateurs ne
savent pas toujours se défendre, tout en exprimant certaines
réserves que suggère l'observation de M. Reichenbach, on ne
pourra méconnaître que l'expansion dans la serre de gaz ammo-
niacaux par voie de volatilisation, ou l'emploi de sels ammo-
niacaux en dissolution dans l'eau des seringuages ou des
arrosements, ne soient des moyens d'activer et de fortifier la
végétation des épiphytes. Il sera bon d'en user et sage de n'en
point abuser.

CULTURE EN SERRES. — Dans toute serre, quelle qu'elle soit,
il y a des parties mieux éclairées, plus chaudes, plus humides,
mieux aérées les unes que les autres. Il ne peut pas être indifférent d'installer des plantes dans la serre sans tenir compte de
ces détails: Un simple déplacement détermine parfois la floraison
d'une espèce rebelle et peut faire souffrir un exemplaire en
bonne végétation.

Supposons-nous maintenant à la fin de l'été. Les chaleurs
sont finies, les nuits deviennent fraîches, sinon froides; le soleil

baisse, les jours sont déjà courts. C'est le moment où l'on doit savoir user à propos et successivement de toutes les ressources que l'art horticole met à notre disposition.

Dès la fin de septembre il arrive assez souvent que l'on doive chauffer les Orchidées indiennes. C'est, au contraire, le moment où les espèces alpines se refont en aspirant la fraîcheur et les brouillards d'automne. Vouloir concilier ces extrêmes, chercher des moyens termes pour faire vivre sous le même toit des natures aussi opposées, c'est sacrifier les unes et les autres. On peut adopter une spécialité, choisir les Orchidées de serre chaude, ou froide, ou tempérée ; mais si on les veut toutes, la nécessité de trois serres, ou plutôt d'une serre longue divisée en trois compartiments, s'impose absolument.

Nous devons encore supposer que l'on s'arrêtera à ce dernier parti. Pour embrasser la famille dans tout ce qu'elle a d'intéressant et de beau, ce ne sera pas trop d'une longueur de serre de 30 mètres sur 5 ou 6 de large, dont 8 mètres environ seront accordés à la serre indienne, autant à la serre froide tempérée, le reste à la serre tempérée ou tempérée-chaude.

Pour une culture plus modeste, mais encore très distinguée, il suffira d'une moitié de cette longueur avec des divisions proportionnelles.

Un seul thermosiphon suffira parfaitement pour chauffer les trois compartiments, ensemble ou séparément, et chacun au degré le plus convenable.

Dans le premier compartiment, le plus rapproché du foyer, seront les Orchidées de l'Inde, de l'Afrique équatoriale, et toutes celles qui demandent une haute chaleur. Cette chaleur sera maintenue au minimum de 15 degrés centigrades, de 18 degres même ordinairement la nuit, et de 3 à 5 degrés en plus le jour. En été elle sera ce que donnera le soleil, mais on profitera de toutes les hautes températures pour donner de l'air. La serre indienne, haute serre chaude, est nécessaire aux *Aerides*, aux *Vanda* (fig. 151 à 153), aux *Phalœnopsis*, aux *Saccolabium*, aux *Angrœcum*, aux *Anœctochilus*, aux *Renanthera*, aux *Va-*

Fig. 150. — Phalænopsis Schilleriana (⁴/₄ gr. nat.)

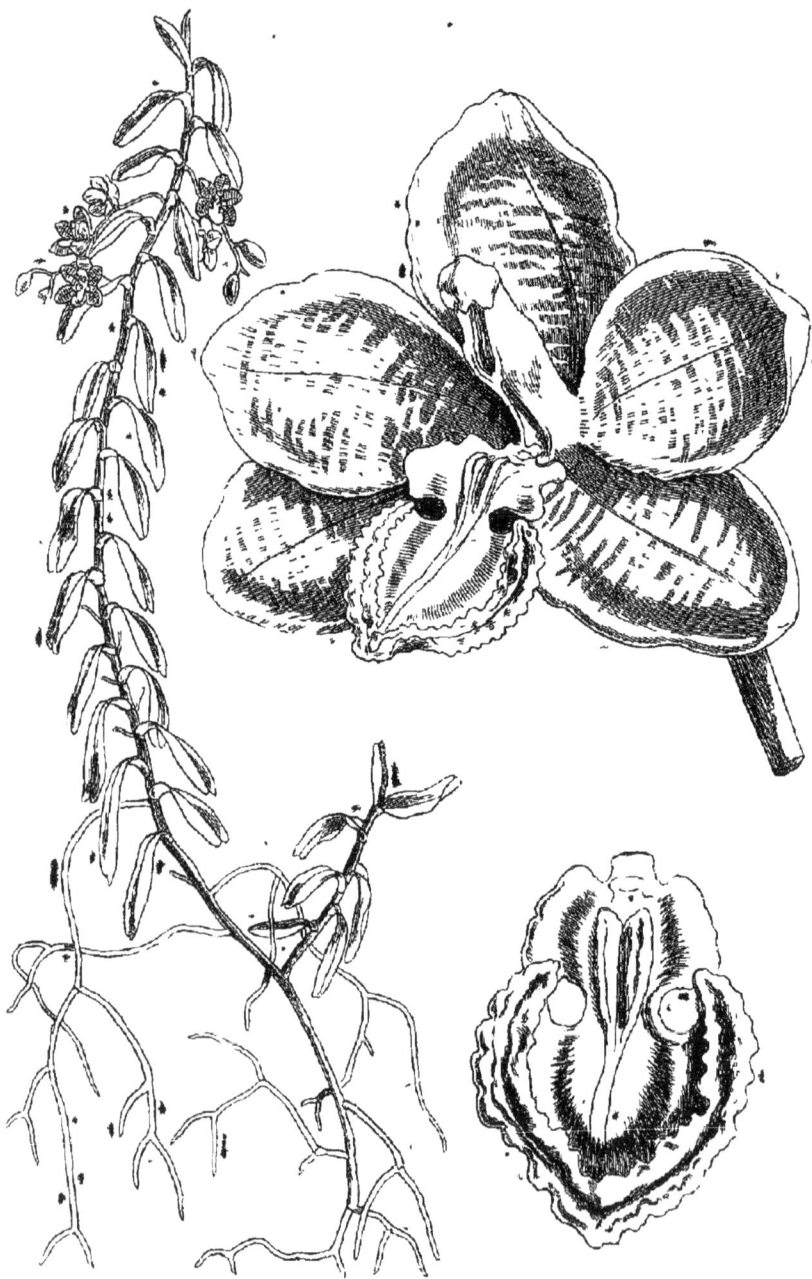

Fig. 151 à 153. — Vanda Cathcarti. (Figures empruntées au *Gardeners' Chronicle*.)

nilla, et à quelques genres de moindre importance. Il y a dans ces beaux genres quelques exceptions peu nombreuses. On pourra cultiver simultanément des *Cattleya*, des *Miltonia*, des *Epidendrum*, des *Oncidium*, etc., qui supportent, sans les exiger, ces hautes températures.

La seconde division sera non pas la serre chaude ordinaire, mais plutôt la serre tempérée ou tempérée-chaude. Il n'y aura pas d'inconvénient à laisser les températures d'hiver et de nuit

Fig. 154. — Cypripedium concolor (⅓ gr. nat.).

y descendre jusqu'à 10 degrés et même très passagèrement à 8 degrés. Comme dans la précédente, 3 degrés en plus seront nécessaires durant le jour. En été on l'ouvrira plus souvent et l'on évitera, s'il est possible, que la chaleur s'y élève à plus de 25 degrés le jour.

Ce sera, à quelques exceptions près, le lieu de prédilection des *Cattleya*, des *Dendrobium*, des *Cypripedium* (fig. 154), des *Miltonia*, des *Cœlogyne*, des *Trichopilia*, des *Zygopetalum* et de leurs alliés les *Huntleya*, *Warrea*, *Warscewiczella*, des *Anguloa*, des *Calanthe*, des *Brassia*, des *Gongora*, des *Cymbidium*, de beaucoup d'*Epidendrum*, d'*Oncidium* et de *Lælia*, des *Phajus*, des *Stanhopea*, etc., etc.

En outre, bien des espèces subalpines y croîtront et fleuriront bien ; tandis qu'elle pourra prélever sur la serre indienne un certain nombre de beaux *Vanda*, d'*Aerides*, d'*Angræcum*, de *Renanthera*, etc.

Enfin la troisième division, tempérée-froide, au minimum de 6 à 7 degrés, de 8 à 10 degrés dans le jour, ne sera pas compromise si, par une nuit d'hiver, le thermomètre y descend pour une heure de 1 ou 2 degrés plus bas ; la floraison seule en pourrait souffrir. L'été sera, pour les plantes alpines, la saison critique, les températures de plus de 25 degrés leur étant essentiellement nuisibles.

On abritera, dans cette dernière serre, tout le magnifique genre *Odontoglossum* (fig. 155), les *Masdevallia*, les *Lycaste*, les *Maxillaria*, les *Pleione*, les *Sophronitis*, les *Disa*, les *Sobralia*, les gentils *Restrepia*, une foule d'*Oncidium* et des plus beaux, nombre de *Lælia* et d'*Epidendrum*, des *Barkeria*, des *Arpophyllum*, pas mal de petits genres très intéressants : *Ada*, *Nasonia*, *Trichoceros*, *Mesospinidium*, *Polycycnis*, *Nanodes*, *Kefersteinia*, *Helcia*, etc. ; un *Cattleya* (*citrina*), un *Cælogyne* (*cristata*), un *Aerides* (*japonicum*), plusieurs beaux *Dendrobium*, peut-être le *Vanda cœrulea*, sans parler de pas mal d'espèces encore douteuses.

Ce que nous venons d'exposer n'est pas toujours bien net, bien rigoureux, surtout quant à la répartition des Orchidées entre les trois serres jugées utiles, sinon indispensables. Les commençants voudraient être renseignés complètement, et les amateurs les plus éclairés ne sont pas sans garder bien des doutes.

En premier lieu ces trois serres de températures différentes n'existent que chez les amateurs les mieux outillés ; ailleurs on se contente de deux, sans pour cela renoncer à avoir un peu de tout. Dans ce cas ce sont les Orchidées de serre tempérée qui vont se fondre, la plupart, avec celles de serre chaude, et l'on n'a plus que les degrés extrêmes : serre indienne, serre péruvienne, ou, pour préciser : haute serre chaude et serre tempérée-froide.

Même dans ce cas on ne sait pas toujours où caser telle espèce inconnue ou mal observée, et s'il s'agit non plus de deux, mais de trois serres, la distribution rigoureuse des Orchidées entre elles est toujours sujette à bien des incertitudes.

Il est vrai que les catalogues de la plupart des grandes maisons de commerce donnent des indications précises sur ce clas-

Fig 155.   Odontoglossum Schlieperianum.

sement, et à première vue il semble que tout soit dit; mais si l'on y regarde de plus près. on remarque qu'il règne entre les indications de ces catalogues une grande divergence : telle espèce, tel genre tout entier, que l'on range ici parmi les plantes de serre chaude, n'est que de serre tempérée ailleurs, parfois même de serre froide. Cette divergence ne tient pas seulement à l'incertitude des notions et à l'insuffisance des expériences, elle a pour première cause le désaccord qui ne cesse de régner, et que nous avons vainement signalé à plusieurs reprises, sur le sens exact des expressions dont on se sert dans le jardinage pratique.

Quand il s'agit de la serre à Orchidées indiennes (serre indienne des Anglais, haute serre chaude, fig. 157, voir pages 136 et 137), on s'entend assez bien sur ce que cela veut dire; cependant, tandis que les uns pensent que 15 degrés centigrades sont pour cette serre un minimum suffisant, d'autres, non moins bien expérimentés, le portent à 18 et même à 20 degrés. Ce désaccord n'est peut-être qu'apparent, c'est-à-dire que celui à qui 20 degrés paraissent nécessaires, fermera les yeux quand par négligence ou autrement il en trouvera le matin 5 de moins.

Lorsqu'on passe aux Orchidées de la seconde catégorie, originaires de régions plus tempérées, aux *Cattleya*, aux *Dendrobium*, etc., on commence à n'être plus d'accord. Pour les uns, ce sont des plantes de serre chaude (15 degrés environ au plus bas), pour les autres la serre tempérée leur suffit, sans distinction, tandis qu'ailleurs on partage le genre, suivant les provenances connues ou présumées, entre les trois sections. Pour ceux qui assignent la culture tempérée à ces genres pris *in globo*, il s'agit d'une serre où la chaleur ne descend pas au-dessous de 12 degrés. C'est ce que nous appelons, dans un langage plus précis, la serre tempérée-chaude. Les Orchidées de cette catégorie sont généralement de constitution vigoureuse, et s'arrangent longtemps, sinon toujours, de deux ou trois degrés de plus ou de moins. Nous voyons bien souvent les *Cattleya*, les *Dendrobium*, les *Cypripedium*, les *Pescatorea*, cultivés avec les *Aerides* et les *Vanda* et y fleurir bien, tandis qu'ailleurs on les relègue dans des serres à peine tempérées. Nous en avons vu, en plus d'un endroit, qui subissaient de temps en temps des froids de +3 degrés et ne s'en portaient pas plus mal. Certes ce n'est pas ce qu'il faut imiter; mais l'autre excès, dont la conséquence est l'étiolement, ne vaut guère mieux.

C'est quand on va plus loin, jusqu'aux espèces alpines ou subalpines, aux *Odontoglossum*, aux *Masdevallia* et à tant d'autres espèces des moins frileuses, que l'on tombe dans une con-

Fig. 156. — Odontoglossum Phalænopsis.

fusion babélienne. Rien de plus facile à concevoir. Pour les uns la serre à Orchidées froides ne sera destinée à abriter que les Orchidées alpines ou quasi-alpines, et alors ce ne sera qu'une serre froide humide, chauffée en hiver comme la serre à Camellias, ou même celle destinée aux plantes australiennes (+3 à +5 degrés). Mais la plupart veulent étendre leur collection au delà de ces étroites limites, prendre tous les genres, toutes les espèces qui vivent en commun avec les *Odontoglossum* (fig. 156), et alors leur serre doit être la vraie serre tempérée-froide (+6 à 7 degrés au plus bas dans les nuits d'hiver et 8 à 10 degrés le jour). Mais il est malaisé de savoir s'arrêter. En accordant 1 ou 2 degrés de plus, 7 ou 8 degrés au minimum pendant quatre ou cinq mois d'hiver et en laissant le soleil faire le reste, on peut s'étendre plus loin, sans pour cela nuire sensiblement aux espèces des très hautes altitudes, lesquelles d'ailleurs sont peu nombreuses et médiocrement estimées pour la plupart.

Les Anglais, nos maîtres en ce genre, paraissent surtout tenir à ce dernier chiffre de 7 à 8 degrés au plus bas, qui leur permet de comprendre dans les *Cool house Orchids* un nombre considérable d'espèces et des plus recommandables. Nous disons *paraissent;* en effet, M. B. S. Williams, dans son Manuel où il traite avec autorité des Orchidées de toutes les catégories, M. Burbidge, dans son excellent *Guide du cultivateur d'Orchidées froides*, se gardent bien de déterminer un minimum absolu de chaleur. Pour certaines Orchidées ils conseillent la place la plus chaude de la serre; pour d'autres ils indiquent nettement que +10 degrés centigrades est le point extrême du froid. Mais à +10 degrés tout l'hiver, les espèces alpines ou subalpines vont pousser à contre-temps, s'étioler. En effet, ce n'est plus la culture froide. Dans cet ordre d'idées, M. Burbidge arrive à compter parmi les *Cool Orchids* un peu de tout: trois espèces d'*Aerides* et des variétés, un *Calanthe*, huit *Cattleya* et leurs variétés, trois *Cymbidium*, huit *Cypripedium* avec plusieurs variétés (sans compter les vieux *insigne* et *venustum*); sept *Dendrobium*, les *Miltonia* en entier, deux *Phajus* et deux

Fig. 157. — Serre chaude à Orchidées de MM. Veitch, Établissement d'Horticulture à Londres (voir pag. 183).

Thunia, deux *Trichocentrum*, quatre *Trichopilia*, deux *Vanda* et tous les *Zygopetalum*.

Maintenant voici un système plus complet. La maison Rollison, de Tooting (Londres), en tête du savant catalogue qu'elle publie, donne des indications précises sur le traitement à appliquer aux Orchidées, qu'elle répartit entre trois serres de températures graduées.

La première, serre intermédiaire (serre tempérée), demande une chaleur de jour de 65 à 75 degrés Fahrenheit (18°,33 à 23°,89), qui descendra la nuit de 55 à 65 degrés (12°,78 à 18°,33) à *l'époque de la croissance*. Pendant celle du *repos*, la température du jour ne devra pas dépasser 45 à 50 degrés (7°,22 à 10 degrés) et celle de nuit 40 à 45 degrés (4°,44 à 10 degrés), suivant les circonstances.

La seconde serre ne sera pas tenue plus chaude que la serre froide ordinaire (*Greenhouse*), avec une température diurne de 55 à 65 degrés (12°,78 à 18°,33), qui pourra descendre la nuit entre 45 et 55 degrés (7°,22 à 12°,78) *pendant la croissance*, et durant le *temps de repos* jusqu'à 35 à 45 degrés (1°,67 à 7°,22), si les circonstances l'exigent.

Tout le reste des Orchidées s'abritera dans la serre chaude, qui pendant la végétation sera chauffée entre 80 et 90 degrés (26°,67 à 32°,22) durant le jour ou davantage, suivant les circonstances, et entre 70 et 80 degrés (21°,11 à 26°,67) la nuit. Au temps du repos, on réduira les températures de jour à 55 à 65 degrés (12°,78 à 18°,33) et celles de nuit jusqu'à 50 à 60 degrés (10° à 15°,56).

S'il n'y a pas, au fond, grande discordance entre les degrés indiqués par M. Rollison pour les serres chaude et tempérée et ceux recommandés plus haut, en revanche on pourra s'étonner quelque peu de le voir considérer les plus basses températures de la serre à Bruyères (moins de 2 degrés) comme tolérables pour les Orchidées froides. Il ne faut pas perdre de vue que ce sera pendant le repos seulement, c'est-à-dire quand on les privera à peu près d'arrosements. Il n'est pas moins curieux, même avec cette réserve, de voir le chemin parcouru depuis le temps où toutes les Orchidées étaient confusément reléguées dans la serre chaude humide, et de compter, parmi celles auxquelles on assigne aujourd'hui la serre froide, des *Anguloa*, des *Barkeria*, des *Bletia*, des *Cypripedium*, des *Dendrobium*, des *Epidendrum*, des *Houlletia*, plusieurs *Lælia*, tous les *Masdevalha*, des *Mormodes*, les trois quarts des *Odontoglossum*, pas mal d'*Oncidium*, la grande majorité des *Trichopilia*, enfin des *Warrea* et des *Warscewiczella*.

Une conséquence de la méthode de M. Rollison, c'est qu'il faut avoir grande attention à déplacer les Orchidées suivant leur état de végétation ; porter dans une serre plus chaude celles qui se mettent en végétation et faire l'inverse pour celles qui ont terminé leur pousse.

- De tout cela il est difficile de déduire des enseignements précis et pratiques, tels que les désirent, non sans raison, les amateurs qui commencent ou ceux qui n'ont pas le loisir d'étudier. Le plus sage est, sans doute, de prendre l'un ou l'autre guide et de suivre à la lettre ses recommandations. Celui qui préférera faire de l'éclectisme en fera à ses dépens, jusqu'à ce que l'expérience lui soit venue.

Nous avons fait ainsi notre école et nous sommes arrivé à n'être pleinement d'accord avec personne. C'est probablement que la serre où nous opérons et nos procédés de culture, dans leur ensemble, ne sont absolument semblables à ceux de personne. Ceci entendu, nous donnons ci-dessous deux listes d'Orchidées ; dont l'une comprend une série d'espèces sur la rusticité desquelles on est d'accord et que nous cultivons ou voyons cultiver à froid (+5 à 7 degrés centigrades la nuit en hiver, +8 à 12 degrés le jour).

Orchidées de Serre tempérée-froide.

Ada aurantiaca.	Barkeria (le genre).
Arpophyllum cardinale.	Bletia hyacinthina.
giganteum.	Cattleya citrina.
— spicatum.	Cœlogyne cristata.

Cœlogyne Corymbosa.
Cymbidium aloifolium.
— sinense.
Cypripedium insigne et variétés.
— Schlimii.
— Sedeni.
— villosum.
— venustum.
Dendrobium Falconeri.
— Cambridgeanum.
— japonicum.
— nobile et variétés.
— speciosum.
— — Hillii, etc.
Disa (le genre).
Epidendrum Frederici-Guillelmi.
— myrianthum.
— paniculatum.
— prismatocarpum.
— vitellinum et variétés, etc.
Evelyna kermesina.
Goodyera velutina.
— pubescens.
— macrantha.
Helcia sanguinolenta.
Lælia albida.
— autumnalis.
— cinnabarina.
— furfuracea.
— maialis.
— Perrinii.
— purpurata.
Lycaste (le genre).
Masdevallia (le genre).
Maxillaria grandiflora.
— venusta.
— nigrescens.

Mesospinidium sanguineum.
— vulcanicum.
Miltonia Clowesiana et variétés.
Odontoglossum (le genre, sauf exception ci-contre).
Oncidium æmulum.
— andigenum.
— Barkeri (tigrinum)
— cucullatum et variétés.
— crispum et variétés.
— Hartwegii.
— incurvum.
— leucochilum.
— macranthum.
— pacificum.
— serratum.
— zebrinum.
— divaricatum.
— flexuosum.
— falcipetalum.
— obryzatum.
— panchrysum.
— pulvinatum.
— stelligerum.
— superbiens.
Pléione (le genre).
Polystachya pubescens.
Restrepia (le genre).
Sobralia macrantha et variétés.
— dichotoma.
— Ruckeri.
Sophronitis (le genre).
Stanhopea oculata.
— tigrina.
Thunia (le genre).
Trichopilia coccinea.
— tortilis.
Uropedium Lindeni.

A cette liste déjà longue, quoique fort incomplète, et dans laquelle on peut puiser les éléments d'une collection riche et variée, il faut évidemment joindre beaucoup d'espèces empruntées à la liste ci-dessous, qui sont généralement considérées comme de serre tempérée, mais sur lesquelles il y a divergence d'opinion.

Acineta (le genre).
Anguloa (le genre).
Cattleya mossiæ.
— Trianæ.
— *Skinneri.
— Warscewiczii.
*Cœlogyne speciosa.
*Colax jugosus.
Cymbidium Hookerianum.
Cypripedium barbatum et var.
— caudatum.
— Fairieanum.
— hirsutissimum.
— Lowii.
— purpuratum.
Dendrobium amœnum.
— bigibbum.
— *Brisbaneanum.
— Devonianum.
— chrysanthum.
— heterocarpum.
— Joannis.
— Kingianum.
— Tattonianum.
— tetragonum.
— transparens.
Epidendrum Catillus.
— leucochilum.
— macrochilum.
— nemorale.
— pentotes.
— pseudo-Epidendrum.
— purum.
— sceptrum.
— Sophronitis.
Eriopsis (le genre).
Goodyera discolor.
Hartwegia purpurea.
Houlletia (le genre).
Kefersteinia (le genre).
Lælia anceps.
— — *Barkeriana.
— acuminata.
— crispa.
— crispilabia.

Lælia elegans.
— flava.
— Jongheana.
— *Lindleyana.
— Pinellii; etc.
— pumila.
— *superbiens.
— xanthina.
Maxillaria (le genre).
Miltonia (le genre).
Mormodes (le genre).
Nanodes Medusæ.
Nasonia punctata.
Odontoglossum phalænopsis.
— Rœzlii.
— vexillarium.
Oncidium aurosum.
— barbatum.
— bicallosum.
— bifolium.
— concolor.
— ornithorynchum.
— phalænopsis.
— sarcodes.
— Weltoni (Miltonia), etc.
Palumbina candida.
Pescatorea cerina.
Phajus grandifolius.
— Wallichii.
Pilumna fragrans.
— — nobilis.
— Ortgiesiana.
Polycycnis (le genre).
Stanhopea (le genre).
Stenorynchus speciosus (Neottia).
Trichocentrum (le genre).
Trichoceros muralis.
— platyceros.
Trichopilia (le genre).
Vanda cærulea.
Warrea cyanea; etc.
— Lindeniana.
Warscewiczella discolor.
— Velata.
Zygopetalum (le genre ancien).

LES ARROSEMENTS, L'HUMIDITÉ ATMOSPHÉRIQUE (SUITE). — L'eau, essentielle à toutes les plantes, l'est surtout aux Orchidées. Ce n'est pas assez de la répandre à leur pied sous forme d'arrosements ; il est indispensable que l'atmosphère où elles vivent en soit imprégnée, saturée presque en tout temps.

Pour arroser, on se sert d'eau de pluie ou d'eau courante qui ait séjourné dans la serre pour en prendre la température. On ne doit passer aucun jour sans vérifier l'état de ses plantes, dont aucune ne peut être absolument sèche, quelle que soit la saison. Pour le reste, il faut distinguer. Dans nos hivers sombres et froids, où rien ne stimule la végétation, il y aura toujours, au moins dans les serres chaudes et tempérées, des plantes qui auront fini de développer leurs pseudo-bulbes, et que l'abaissement de la température, joint à l'insuffisance de la lumière, empêcheront pour un temps d'en produire d'autres. Celles-là, on les arrosera peu, seulement assez pour empêcher feuilles et tiges de se rider, et ces ménagements dureront jusqu'à ce que la plante se remette d'elle-même en végétation.

Les Orchidées des régions alpines ou subalpines, celles qu'on tient en serre tempérée-froide, n'ont généralement pas de ces époques de repos périodique. Il se fait bien un court arrêt entre la pousse qui s'achève, qui s'aoûte, et le développement de ses yeux nouveaux. Il n'est pas sans importance d'en tenir compte, lorsqu'on est sûr que les pseudo-bulbes ont atteint toute leur grosseur. En tout cas il ne s'agira jamais que d'une *diminution* des arrosements. Les Orchidées de cette catégorie veulent être toujours dans un milieu plus ou moins humide, qui ne saura guère l'être trop pendant les longs jours et les chaleurs de l'été.

Les Orchidées qui végètent, quelle que soit leur origine, ont besoin, en été, d'arrosements à peu près quotidiens. On conseille même de plonger les pots tout entiers jusqu'à la base de la plante dans un grand baquet d'eau, et de les y tenir quelques secondes. C'est plus qu'un arrosement, c'est un lavage du sol et du drainage dont les effets sont excellents.

Les mêmes règles s'appliquent aux Orchidées terrestres.

L'humidité atmosphérique se règle suivant les mêmes principes. En été, sous l'action du soleil et de la température extérieure, on en donnera par tous les moyens et dans la plus large mesure. En hiver, quand le soleil demeurera absent et que les plantes s'engourdiront, on en aura facilement assez, quelquefois trop.

La manière la plus simple et la plus efficace d'humidifier l'air de la serre, c'est de répandre abondamment l'eau sur le sol, sur les tablettes, et partout où on le peut. En hiver on obtient un effet immédiat, mais de peu de durée et d'utilité, en arrosant les tuyaux du thermosiphon.

Mais nous venons de dire qu'il y aura, dans une collection, des plantes au repos à qui l'humidité trop grande de l'air sera peut-être nuisible. Comment les y soustraire? Rien de plus simple : l'air sera toujours plus chaud et plus sec dans le haut que dans le bas de la serre, et une différence de niveau de 1 à 2 mètres suffira pour déterminer l'inégalité de saturation désirée. Ayons donc vers le haut de la serre quelque tablette, et mettons-y les plantes qui reposent.

En été, quand la chaleur est bien établie et qu'on peut tenir la serre (froide ou tempérée) ouverte au moins partiellement, il n'y a nul danger à seringuer les Orchidées légèrement, et avec une pomme à très petits trous, au moins une fois par jour. C'est même une pratique presque indispensable durant les grandes chaleurs; mais à la condition que la chaleur et le courant d'air puissent les ressuyer en peu d'heures, sinon l'eau qui séjournerait entre les feuilles tendres des jeunes bourgeons les pourrirait.

Après l'eau; l'air. Tout aussi nécessaire à la vie végétale, l'air n'est pas, malheureusement, autant en notre puissance. Enfermé dans une serre, il se corrompt et se dénature. Privé de mouvement, il n'arrive ni complètement ni à temps à toutes les parties des plantes. Les espèces alpines, surtout, souffrent promptement de cette réclusion. On ouvrira donc la serre autant et aussi souvent que les circonstances le permettront. Les

Orchidées de haute-serre chaude pourront bien rarement profiter de ce bienfait, dont elles ont, par bonheur, un moins grand besoin que les autres. Dans la serre froide-tempérée, on ne craindra pas d'établir un léger courant d'air, pourvu qu'il ne soit pas sensiblement desséchant, et chaque fois qu'il fera dehors un temps chaud et humide, surtout pendant les pluies d'été, on s'empressera d'en profiter pour ventiler abondamment.

Quand la saison est tout à fait défavorable, les jours sans soleil, le froid extérieur assez marqué pour qu'on ne puisse ouvrir la serre, il est bon de faire de temps en temps un peu de feu. Le feu assainit l'air enfermé, le met en mouvement, et permet souvent de lui donner une issue par où il se renouvelle lentement.

Il nous reste à parler des ombrages et des couvertures d'hiver. Ce sont là des questions secondaires qui deviennent très graves si l'on considère le mal qu'il est possible de faire en étiolant les Orchidées par excès de prudence.

Les Orchidées n'ont jamais trop de lumière ; c'est l'action directe des rayons solaires, peu ou point atténués, qui peut et doit être funeste à presque toutes, mais non pas en hiver, où pendant environ cinq mois, de la mi-octobre à la mi-mars, ces rayons seront assez obliques et voilés par les brumes pour n'avoir qu'une action bienfaisante. Passé ce temps, ils prendront de l'ardeur et, pour un temps, coloreront les Orchidées de teintes chaudes, indices de santé. Cette période sera courte, surtout si les journées sont bien claires : les plantes sècheront trop rapidement, et les feuilles jauniront ; si cet état se prolonge, des brûlures s'y manifesteront, et l'aspect de la collection en sera gâté pendant toute l'année.

Donc il faut ombrer à temps ; mais comment et à quel degré ?

Les ombrages seront fixes ou amovibles. Fixes, ils enlèveront de la lumière aux jours et aux heures où le soleil ne dardera pas. Amovibles, ils rendront nécessaire la présence presque continuelle du jardinier. On choisira l'un ou l'autre moyen, suivant ses loisirs et ses convenances. Dans le premier cas on mate les vitres, au dehors ou au dedans, avec du blanc d'Espagne délayé avec un léger encollage. Le lait remplit bien cet office. Dans le second cas on se sert de claies d'osier, de persiennes à planchettes, et préférablement de rideaux en toile très claire, en canevas, en étamine ou en calicot peu serré.

Il s'en faut que le soleil de mars, d'avril ou d'octobre ait la même ardeur qu'en plein été. Ce qui suffit pour ombrer au printemps devient insuffisant en été, et réciproquement. Il est donc d'une bonne et saine pratique de n'avoir d'abord que des ombrages très légers et de les renforcer dans les plus longs jours. Si c'est le badigeon que l'on a adopté, il est aisé de l'épaissir par une seconde couche ; si c'est le rideau, le mieux est peut-être d'y joindre un léger badigeon, qu'on enlèvera à la fin d'août. Il faut, dans tout cela, tenir compte des climats et des latitudes.

En hiver on n'a jamais ni trop ni assez de soleil, mais les gelées subites, par un ciel clair, causent de grands soucis aux cultivateurs. Avoir sous la main de bons paillassons bien épais, en roseaux ou en paille, ou de bons volets en bois léger, c'est la meilleure ressource contre les surprises et contre l'insuffisance momentanée du chauffage.

CHAPITRE VII.

LES ENNEMIS DES ORCHIDÉES.

MALADIES. ANIMAUX NUISIBLES. — Les Orchidées ne sont sujettes à aucune maladie spéciale, spontanée ou épidémique. Des causes de détérioration peuvent les affecter dans des circonstances très défavorables ; il n'est pas rare que dans nos cultures artificielles, par suite de négligences graves ou de soins à contre-sens, elles deviennent malades et meurent, mais la maladie est le fait de la mauvaise culture.

On voit des Orchidées dont le feuillage est jaune et maigre ; c'est qu'elles ont trop de soleil ou point assez d'eau. Quelquefois aussi les racines ont pourri par suite d'un mauvais drainage d'un sol trop compact et d'arrosements intempestifs. La mort de la plante est imminente si l'on ne se hâte de la dépoter, de retrancher des racines tout ce qui est mort ou atteint de nécrose, et de la traiter ensuite comme une plante importée.

A un moindre degré, l'excès d'arrosements dans un sol trop compact et mal égoutté produit sur le feuillage des taches circulaires, noires, qui s'agrandissent et se multiplient, et sont tout au moins d'un fort triste effet.

L'insuffisance de la lumière et de l'aérage, surtout dans une serre trop chaude, produit la chlorose ; le feuillage est pâle, mince, se soutient mal ; la floraison est rare et chétive.

Si c'est, au contraire, la chaleur qui manque, on voit les jeunes pousses s'arrêter avant d'avoir pris tout leur développement. Les jeunes pseudo-bulbes, à peine arrivés à leur grosseur, sont atteints de pourriture ; de larges taches jaunes se montrent sur les feuilles charnues et deviennent des centres de décomposition. Il faut alors trancher dans le vif, tenir la plante sèche et lui donner de la chaleur.

Certaines Orchidées fleurissent très rarement, quoique bien venantes en apparence. C'est évidemment qu'il leur manque quelque chose, car dans la nature, toutes fleurissent annuellement. L'avortement ou l'absence de la floraison tient, le plus souvent, au manque de lumière, d'air ou d'eau, et parfois aux trois causes réunies ; quoique l'excès de l'une des trois puisse aussi faire obstacle. Un changement de place, un dépotement dans un plus grand pot, si la plante est bien saine, un compost mieux approprié, détermineront des floraisons rebelles. Il ne faut pas oublier, d'ailleurs, que la richesse de celle-ci est en raison de la force d'une plante, du bon état de ses racines et de la somme de nourriture qu'elle peut s'assimiler.

La conséquence de ce qui précède, c'est que le cultivateur qui connaît bien ses plantes et sait leur appliquer un traitement convenable, n'a à craindre ni maladies, ni morts subites, ni détérioration du feuillage, ni avortement de la floraison ; mais sur ce dernier point il nous reste beaucoup à apprendre.

En résumé, dès qu'un cultivateur d'Orchidées s'aperçoit qu'une de ses plantes souffre, que son feuillage jaunit, que les vieux pseudo-bulbes pourrissent, que la végétation est maigre ainsi que la floraison, il doit s'empresser de chercher la cause du mal. Si elle n'est pas dans les soins extérieurs : chaleur, ombrage, humidité de l'air, il faut la chercher immédiatement aux racines, se hâter de sortir la plante de son pot et mettre à nu tout son système radiculaire. Neuf fois sur dix on trouvera tout ou partie des racines atteintes de pourriture et la plante hors d'état de se substanter. Une Orchidée n'est nullement perdue pour se trouver en cet état, mais la cause subsistant, elle continuera de dépérir et finalement mourra. Cette cause sera presque toujours dans un mauvais compost ou dans un drainage mal fait, combiné avec des arrosements abondants.

Un compost trop compact, retenant l'eau et ne laissant pas circuler l'air, est nuisible, on le conçoit, à des plantes aériennes dont les racines veulent l'air et une certaine liberté. En les visitant on trouvera que, parvenues dans ce compost mal fait, elles y pourrissent, ou si quelques-unes le traversent sans trop de dommage, elles iront s'étendre et prospérer à travers les pierrailles du drainage.

Le compost peut être bon, les plantes peuvent être dans du sphagnum sans mélange de terre, et néanmoins y perdre leurs racines. Ce sera alors l'écoulement de l'eau qui sera mal établi, le drainage aura été mal fait ou insuffisant, l'orifice du pot se sera peut-être obstrué, le sphagnum sera trop tassé, etc.

Nous avons déjà indiqué ce qu'il faut faire. Nettoyer la plante à fond, la débarrasser des parties mortes, la laver à grande eau et enfin la replanter dans des matières mieux appropriées à ses besoins et drainer jusqu'aux trois quarts de la hauteur du pot. On arrose ensuite avec prudence, mouillant la surface plus que le fond. C'est comme une plante importée ou une multiplication. Le sujet ne tardera pas à se remettre en végétation et à produire de nouvelles racines en même temps que de jeunes tiges. Alors seulement la reprise sera complète.

En revanche, les Orchidées ont de nombreux ennemis ; ces ennemis-là les aiment trop ; ils s'attachent à elles pour s'en nourrir. Ce sont des mollusques ou des insectes : limaces, hélices, blattes, cloportes, pucerons, kermès, cochenilles, acarus, thrips, fourmis, perce-oreilles (fig. 160 à 169).

Les fourmis ne sont qu'incommodes et malpropres ; il en est

à peu près de même des forficules (perce-oreilles), qui attaquent,
quelquefois une très jeune feuille, mais qui se nichent dans les

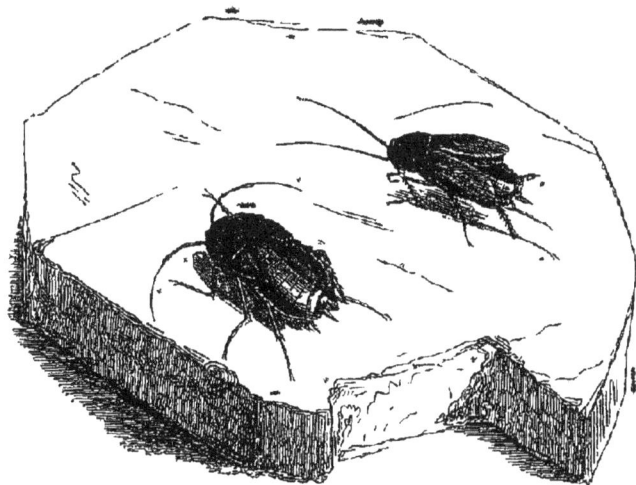

Fig. 160 — Blatte, mâle et femelle.

,pousses nouvelles et les font pourrir. Il est facile de les détruire
et de fermer l'accès de la serre à ceux du dehors.

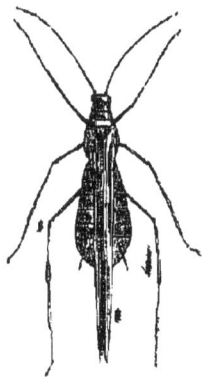

Fig. 161. — Puceron très grossi.   Fig. 162. — Tige couverte de Pucerons.

Il en est tout autrement des rongeurs et des parasites, qui,
chacun à leur manière, causent de graves dommages. Les

limaces de jardins, un tout petit escargot (*Helix alliaria*), les
cloportes, les blattes même, rongent les racines, les pousses
tendres et jusqu'aux pseudo-bulbes, et surtout les boutons à

Fig. 163 et 164. — Branche couverte de Kermès.   Fig. 165. — Thrips.

fleurs. Les pucerons, les kermès et cochenilles de serre, les
araignées rouges (*Acarus*), les thrips ou tigres (*Thrips hæmor-*

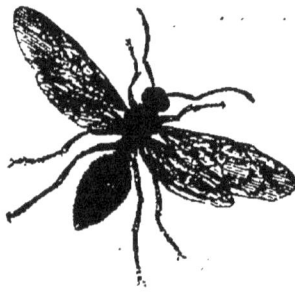

Fig. 166. — Fourmi neutre.   Fig. 167. — Fourmi femelle.

rhoïdalis), colonisent à la surface des feuilles ou des tiges, dont
ils sucent les sucs et détruisent les parties molles de manière à
les détériorer complètement.

On se défait de cette catégorie de parasites en les écrasant
avec les doigts, en lavant souvent le feuillage et les tiges où ils

se montrent, en les seringuant très fréquemment, si la saison le permet. On en prévient l'éclosion en tenant la serre humide et aérée. La fumée de tabac a facilement raison des pucerons, s'ils deviennent nombreux; les thrips ne sont tués par ce moyen que si on l'emploie à haute dose, ce qui est réputé dangereux surtout aux *Odontoglossum*; mais l'eau est pour eux, comme pour les acarus, un moyen sûr de destruction, si on l'emploie avec persévérance. La présence des thrips, des acarus, des kermès, est toujours l'indice que la serre est tenue trop chaude pour les plantes attaquées; et surtout trop sèche et point assez aérée. Les cochenilles et les kermès se fixant à demeure ne sont nullement difficiles à découvrir et à détruire.

Fig 168.
Fourmi mâle.

Fig. 169. — Perce-oreilles.

On n'en peut dire autant des autres ennemis qui sortent la nuit seulement pour exercer leurs déprédations, et rentrent le matin dans des cachettes plus ou moins sûres. Le premier soin que doit s'imposer un amateur, c'est de ne laisser dans sa serre aucun coin obscur, et inaccessible; aucun amas de matériaux, pas même de rocailles percées de cavités où l'ennemi puisse se mettre hors d'atteinte.

Le second moyen consiste à visiter souvent ses pots, dessus et dessous, à les déplacer pour dérouter les rôdeurs de nuit ou les prendre dans leurs cachettes. Le troisième et le meilleur est de venir dans la serre avec une lumière, à la tombée du jour, lorsque les limaces particulièrement se mettent en chasse. On les découvre grimpant le long des murs ou sur les plantes.

Enfin on leur dresse des pièges. Le meilleur pour prendre les limaces est une feuille de chou vert ou de la laitue jetée

à plat sur les tablettes ou sur le sol. On les trouve dormant
dessous le matin. Nous nous trouvons aussi très bien d'élever
dans la serre quelques touffes d'Adiantes, dont les limaces sont
très friandes. Il est facile de les y découvrir le soir ou le matin.
De petits tas de son répandus çà et là ont aussi leur utilité. Les
cloportes se prennent dans des pommes de terre coupées par
moitiés et creusées, que l'on dissémine entre les pots.

Il faut aussi se défier des lombrics (vers de terre), non qu'ils
attaquent les Orchidées, mais parce qu'ils creusent des galeries
et obstruent peu à peu le drainage, ce qui peut occasionner la
pourriture des racines.

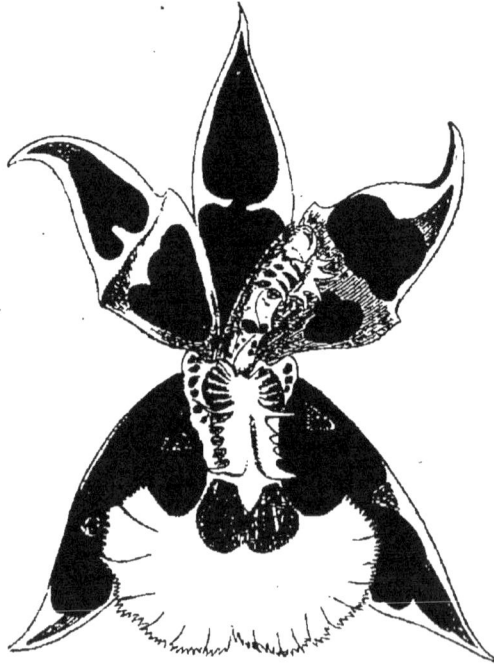

Odontoglossum radiatum.

CHAPITRE VIII.

CULTURES SPÉCIALES.

ULTURE DES ORCHIDÉES FLEURIES DANS LES APPARTEMENTS ET AUX EXPOSITIONS. — En réfléchissant sur ce que nous avons dit plus haut des conditions spéciales auxquelles est assujettie la culture des Orchidées intertropicales, quelques lecteurs ont dû être tentés de formuler un regret : ces nobles plantes, d'une floraison si éclatante ou si profuse, qu'on aime à étudier, qu'on voudrait avoir toujours sous les yeux, dont on respire volontiers les suaves parfums, sont malheureusement reléguées dans la serre, et il serait hautement imprudent de les en retirer pour les faire séjourner dans les appartements, où elles ne trouveraient presque aucune des conditions de lumière, de température et surtout d'humidité atmosphérique qui leur sont nécessaires. Impossible, se dit-on, d'en faire jamais des ornements de table, d'en décorer des salons, d'en jouir enfin pleinement pendant la durée de leur floraison.

Cette conclusion, qui semble tirée de la nature même, n'est cependant pas rigoureusement exacte. Beaucoup d'Orchidées et des plus belles peuvent, lorsque leurs fleurs sont épanouies, être transportées dans les appartements et y rester même sans dommage pendant au moins une quinzaine. L'essentiel est qu'elles y trouvent, si c'est en hiver, une température qui ne descende pas beaucoup au-dessous de celle qu'elles ont dans la serre, et qu'elles n'y soient pas exposées à se couvrir de poussière. Il va sans dire qu'il n'y aura pas de fumée dans la place. La lumière sera généralement suffisante pour ce peu de temps, et quant à l'humidité de l'atmosphère, indispensable à leur croissance, elles pourront en être privées durant cette courte periode, sans dommage appréciable. Nous allons dire pourquoi.

Chez le plus grand nombre des Orchidées, l'époque du développement et de l'épanouissement des inflorescences ne coïncide jamais avec celle de la croissance des tiges ou des pseudo-bulbes et de la feuillaison. Il y a généralement alternance. Quand l'activité végétative est absorbée par la production d'abord, par la nutrition ensuite de ces inflorescences, souvent beaucoup plus volumineuses que la plante qui les porte, les autres fonctions sont enrayées. Cette règle n'est pas absolue: il existe assez bien d'Orchidées qui émettent tout ensemble des tiges nouvelles et des hampes florales, où le bouton à fleurs sort d'entre les jeunes feuilles aussitôt qu'elles se montrent; mais c'est là l'exception. Pour les espèces dont les habitudes sont telles, on conçoit que le séjour dans les appartements pourrait avoir des inconvénients graves au point de vue de la croissance ultérieure.

Mais quand les fleurs sont épanouies et qu'en dehors du travail de nutrition qu'elles imposent, le reste de la plante est dans une sorte de repos, que les tiges sont aoûtées, que rien ne croît plus, il devient assez indifférent que les conditions de cette croissance soient remplies exactement. Quant à l'humidité atmospherique, il est même à noter qu'elle est, jusqu'à un certain point, nuisible à la bonne conservation des fleurs. Beaucoup de celles-ci, qui sont d'une texture délicate, les fleurs blanches surtout, se tachent de noir dans un milieu humide, et quelques-unes y pourrissent bien avant le terme naturel. On conseille donc

généralement, quand les fleurs sont épanouies, de transporter les
plantes dans un milieu plus sec et même plus froid. Il n'est pas
prudent d'ailleurs de prolonger ce séjour dans les appartements,
surtout en hiver, au delà de deux ou trois semaines, quoique
l'on cite telle ou telle espèce qui y a passé sans dommage non

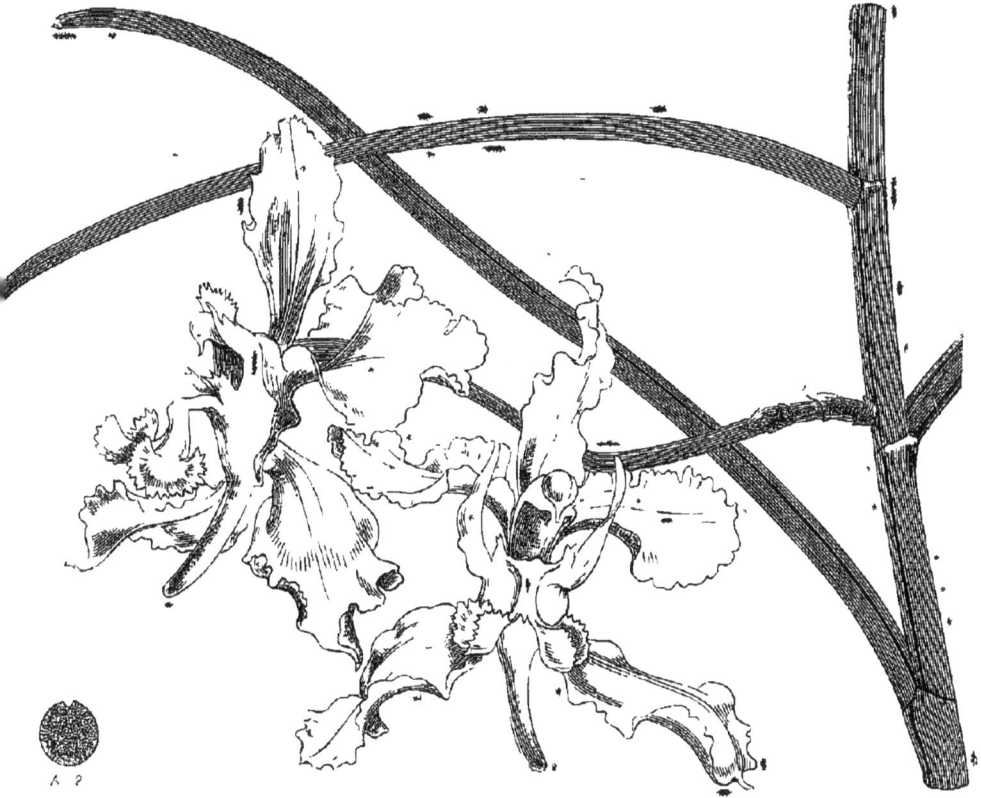

Fig. 172 et 173. Aerides çylindricum.

seulement le double de ce temps, mais même des mois. Des
Aerides (fig. 172), des *Dendrobium* en grand nombre, des
Brassia, des *Oncidium*, des *Odontoglossum*, des *Epidendrum*,
des *Trichopilia*, des *Maxillaria*, les *Lycaste aromatica*, *cruenta* et
surtout *Skinneri*, tous les *Cattleya* et la plupart des *Lælia* ont,
dit M. Williams, dont l'expérience nous est un sûr garant,
passé des semaines hors de la serre, dans des appartements

habités ou non, et les fleurs s'y sont conservées plus longtemps que dans la serre.

Il n'est pas sans intérêt d'ajouter ici que les fleurs d'Orchidées coupées et tenues le pédoncule dans l'eau, se conservent de même autant et plus que sur la plante, mais cette règle n'est pas générale.

Lorsque l'on a l'intention de présenter à une exposition des collections d'Orchidées fleuries, il est bon d'être au courant de certaines pratiques que l'expérience a suggérées.

D'abord il faut arriver à temps, c'est-à-dire obtenir que les fleurs soient épanouies à jour fixe. Il ne servirait de rien de leur prodiguer la chaleur dans les derniers jours : toute la série des Orchidées indiennes n'en irait pas plus vite, et il en serait à peu près de même des autres. Ce serait d'ailleurs un contre-sens que de soumettre à une chaleur excessive des plantes qu'il faudra, sans transition, sortir de la serre et exposer à l'air libre. Mais quand on connaît les Orchidées, on peut prévoir à l'avance que telle plante aura de la peine à arriver à temps ; que telle autre risque d'être fanée trop tôt. On peut alors, non pas aux derniers jours, mais un mois ou deux à l'avance, placer la première dans la partie la plus chaude de la serre et opérer à l'inverse pour la seconde. Il y a aussi telle espèce, comme le *Dendrobium nobile*, le *Lycaste Skinneri*, etc., qui passent très bien l'hiver dans une serre presque froide, mais qui fleurissent aussi fort bien dans une serre tempérée ou chaude. Dès lors il suffit de les tenir à froid et à l'ombre plus ou moins longtemps, pour obtenir leur floraison à point nommé en les transportant en temps utile dans un milieu chaud.

Pour les soins à donner dans les derniers jours, nous ne saurions faire mieux que de traduire ici les conseils que donne M. B. Williams, le célèbre horticulteur de Londres, dans son *Orchid Grower's Manual*: « Mon usage est de transporter mes « plantes dans une serre froide et sèche ou dans une salle quel- « ques jours avant l'exposition. Si ce sont des espèces de serre « chaude, je les porte dans une autre plus tempérée. Pendant ce

« temps on ne leur donne que l'arrosement strictement nécessaire
·« pour qu'elles soient un peu humides. »

L'emballage des plantes fleuries qui doivent être transportées
au loin est une grosse affaire. Les soins les plus minutieux sont
nécessaires en vue de maintenir la hampe florale en place par de
bons tuteurs solidement fixés, et d'empêcher toute espèce de
ballottement et de frottement des fleurs entre elles, avec le feuillage ou avec l'emballage. Quand les fleurs sont grandes et espa-
cées, on place entre chacune d'elles un peu d'ouate qui en main-
tient l'écartement sans les comprimer. Si l'on a affaire à des
épis serrés, comme ceux des *Aerides* et des *Saccolabium*, on doit
se borner à les fixer délicatement à des tuteurs bien fermes, en
employant l'ouate seulement là où un frottement est possible.
·Les liens doivent être modérément serrés, et il est toujours prudent d'interposer un peu d'ouate entre eux et la plante. Le feuillage doit être également protégé, quoique moins minutieusement.
En résumé, le tout consiste à mettre la fleur dans des conditions
telles, qu'aucun balancement trop vif ne soit possible et que tout
frottement soit évité soigneusement. Les plantes qui doivent
demeurer ainsi emballées pendant plus d'un jour ne seront
arrosées que pour le strict besoin, et tout l'emballage devra être
·bien sec.

CULTURE SPÉCIALE DES CYPRIPEDIUM. — Nous trouvons dans
le ·Numéro du 7 Mars 1878 du *Journal of Horticulture* de
Londres, publié par le Dr Hogg, un article intéressant sur la
culture des *Cypripedium*. Comme ce travail n'est pas tout à
fait d'accord avec ce que nous avons dit précédemment, et
qu'on peut le considérer comme le dernier mot de l'horticulture anglaise sur cette spécialité, nous croyons faire chose utile
en le reproduisant ici.

« Les *Cypripedium* sont au nombre des Orchidées les plus
curieuses et les plus recherchées. Ils ont le mérite de fleurir
longtemps; et une collection d'espèces de ce genre n'est jamais
sans fleurs pendant tout le cours de l'année. La longue durée de

leurs fleurs coupées est aussi remarquable. J'ai vu des fleurs de
Cypripedium insigne se conserver fraîches dans l'eau pendant
deux mois. Le *Cypripedium-barbatum* et ses variétés se maintiennent facilement trois mois en fleurs (fig. 174).

« Les *Cypripedium* proviennent de contrées très diverses, telles
que l'Inde, le Mexique, l'Amérique du Nord, Java, etc. On en a
obtenu, en Angleterre, plusieurs hybrides remarquables. L'un
d'eux (*Cypripedium Dominianum*) a été gagné par M. Dominy
d'un croisement du *Cypripedium Pearcei* par le *Cypripedium
caudatum*. En considération de l'aire géographique étendue de
ces plantes précieuses, il y a un classement à faire parmi elles,
celles-ci étant pour le jardin, celles-là pour la serre tempérée,
d'autres pour la serre chaude, selon leur provenance.

« Les *Cypripedium* se multiplient aisément par la division des
touffes. Les espèces rustiques se plantent dans un compost de
bruyère-tourbeuse, de terre à blé et de charbon de bois, avec un
bon mélange de tessons et un peu de sable bien incorporé. Il leur
faudra un châssis froid pour les garantir contre les grosses pluies
et contre le froid de l'hiver.

« Les espèces tempérées demandent à peu près le même compost avec addition d'un peu de sphagnum haché. Les *Cypripedium insigne, villosum, venustum*, etc., appartiennent à cette
section, et n'exigent qu'une chaleur de 4 à 5 degrés centigrades
au plus bas et de 12 à 13 degrés au plus dans la saison où l'on
doit faire du feu. On les aérera fréquemment dans toutes les
journées tièdes.

« Les *Cypripedium* de serre chaude veulent un compost de
sphagnum, de charbon de bois, de terre de bruyère fibreuse et
de très peu de terre argileuse, le tout mêlé de fragments de
poterie. Le sphagnum doit être haché. En empotant on élèvera
le sommet d'un ou de deux pouces au-dessus du pot, en arron-
dissant la surface pour lui donner bonne apparence. Les pots,
pour toutes les espèces, seront d'abord remplis de tessons jusqu'aux trois quarts de leur hauteur.

« Ces plantes exigent des arrosements abondants, avec une eau

préalablement tiédie
dans la serre. On ne
les seringuera point
pendant les mois d'hi-
ver, mais au printemps
et en été elles seront
seringuées légèrement
deux fois par jour et
arrosées largement deux
fois par semaine. Les
Cypripedium du genre
barbatum peuvent, lors-
qu'ils sont fleuris, être
retirés de la serre et
placés dans un conser-
vatoire où leurs fleurs,
étant à l'ombre et re-
cevant plus d'air avec
moins d'humidité et de
chaleur, resteront fraî-
ches bien plus long-
temps.

« Dans le choix des
Cypripedium il faut pré-
férer ceux qui promet-
tent le plus au cultiva-
teur. S'il a une serre à
Orchidées à sa disposi-
tion, le choix sera fa-
cile et il pourra se don-
ner toutes les nouveau-
tés ; mais les espèces
qui conviendront le
mieux dans une col-
lection variée de plantes

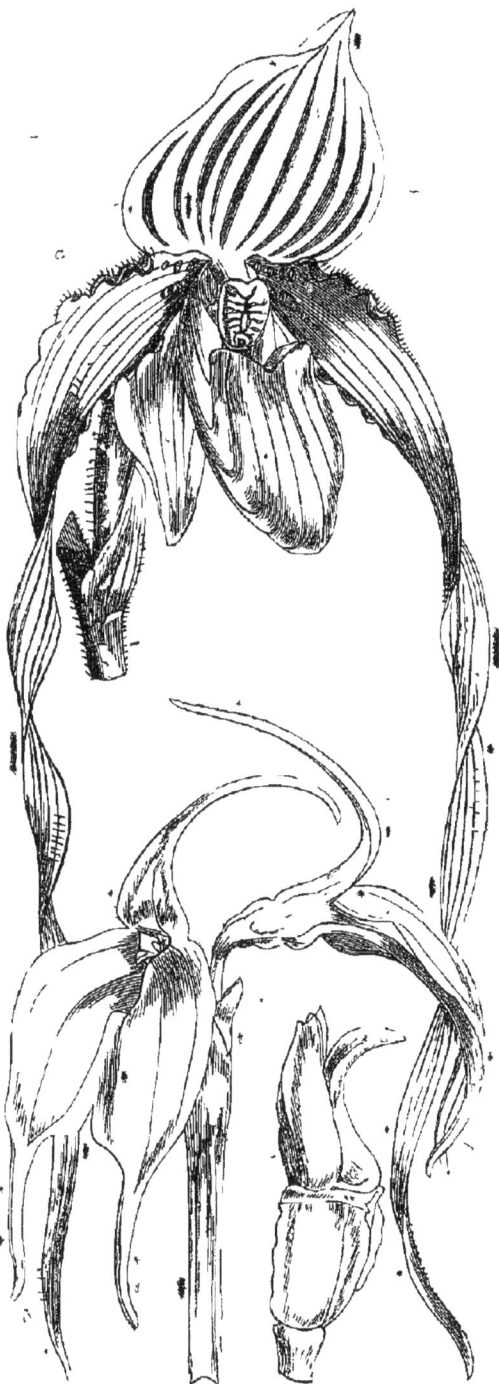

Fig. 174 à 176. — Cypripedium lævigatum.

seront les *Cypripedium insigne, caudatum, venustum, niveum, barbatum superbum, giganteum, Rœzlii, Lowii* et *Sedeni*. Je ne désigne ici que ceux dont le prix est modéré, qui sont d'une culture facile et les plus convenables pour commencer une collection. »

CONCLUSIONS. —⁼ Arrivé à la fin de notre tâche, il nous vient un scrupule :

Les détails quelque peu minutieux dans lesquels nous avons dû entrer, auront peut-être effrayé quelques-unes des personnes que nous voulions seulement instruire.

On nous concédera sans peine que les Orchidées sont des plantes hors ligne, aussi aimables qu'intéressantes ; que l'art de les conserver et d'en obtenir des fleurs n'est plus un mystère, et que le commerce en tient à notre disposition plus d'un millier d'espèces. Mais on ajoutera tout bas que, dans le nombre, il y en a de bien médiocres, et que celles-ci seules sont à bas prix. On nous opposera les catalogues du commerce, où les espèces les plus recherchées sont généralement cotées très haut et atteignent, si la nouveauté s'y joint, une valeur énorme. On nous citera les ventes de Londres, où il arrive qu'un exemplaire d'exposition se vende des milliers de francs. Sans aller aussi loin, on peut y mettre beaucoup d'argent, qu'un jour d'oubli, de négligence, une surprise de nos capricieux hivers, un simple accident, peuvent anéantir. Puis ce sont des plantes à part, estimées par un petit nombre d'amateurs d'élite, et que le vulgaire n'apprécie guère. La mode en passera, ou bien, à force d'être importées et multipliées, elles deviendront communes, et de leur grande valeur il ne restera presque rien. D'autres genres de plantes, les roses, les azalées, les camellias, les pélargonium, les jacinthes, ont aussi de très belles fleurs qui ne demandent ni tant de culture, ni de pareilles dépenses.

Nous avons implicitement répondu, dans tout le cours de cet ouvrage, à de semblables objections ; mais comme elles ont un côté vrai, mêlé de beaucoup d'exagération, nous tenons à les aborder de front pour les réduire à leur juste valeur.

Il est incontestable que toutes les Orchidées ne méritent pas une place dans la serre. Beaucoup d'entre elles ne sont que curieuses, mais beaucoup aussi s'élèvent, de progrès en progrès, jusqu'aux splendides formes qui forcent l'attention sinon l'admiration des plus indifférents. L'horticulture moderne a d'ailleurs délaissé, presque sans exception, ce qui n'offrait ni beauté ni mérite spécial. Où trouve-t-on encore ces *Xylobium squalens,* ces *Epidendrum* à petites fleurs olivâtres, si suavement odorantes cependant, et ces *Eria,* ces *Acropera,* ces *Bletia,* ces *Lepanthes,* ces *Liparis,* ces *Pleurothallis,* ces *Stelis,* et tant d'autres que l'on aimait cependant avant qu'ils fussent détrônés par leurs glorieux alliés ? Il n'y a plus guère, dans les catalogues du commerce, que de bonnes espèces, de celles qui fleurissent régulièrement et se distinguent par quelques qualités sérieuses. Et ce serait une erreur de croire que le prix auquel elles se vendent croît en raison directe de leur beauté. Ce qui détermine les hauts prix, c'est la nouveauté, la rareté, la difficulté d'introduction et de multiplication. Or, dans les plus anciennes et les plus faciles à traiter et à propager, il y a en foule des fleurs de toute beauté.

La liste ci-dessous justifiera notre dire et pourra être utile aux débutants :

Ada aurantiaca.
Aerides affine.
   — odoratum et variétés.
   — roseum.
      et quelques autres.
Angræcum odoratissimum.
Anguloa Clowesii.
   — uniflora.
Arpophyllum spicatum.
Barkeria Skinneri.
   — spectabilis.
Brassia maculata.
   — caudata.
   — verrucosa et d'autres.
Burlingtonia decora.
   — fragrans.

Burlingtonia venusta.
Calanthe Masuca.
   — vestita et variétés.
   — veratrifolia.
Cattleya amethystina.
   — bogotensis.
   — bulbosa
   — citrina.
   — crispa (Lælia).
   — Leopoldi.
   — Harrisoniæ.
   — intermedia.
   — lobata.
   — Loddigesi.
   — Mossiæ et variétés.
   — Perrini (Lælia).

11.

Cattleya Skinneri.
— Trianæi
  et beaucoup d'autres.
Cœlogyne cristata.
— flaccida.
— speciosa, etc.
Cypripedium barbatum et var.
— concolor.
— hirsutissimum.
— insigne et variétés.
— javanicum.
— nævium.
— Pearcei.
— venustum.
— villosum, etc.
Dendrobium aggregatum.
— bicolor.
— Calceolaria.
— cærulescens.
— capillipes.
— chrysanthum.
— Dalhousianum.
— densiflorum.
— Devonianum.
— Falconeri.
— formosum.
— fimbriatum oculatum.
— macrophyllum.
— moniliforme.
— moschatum.
— nobile.
— nodatum.
— Pierardi.
— pulchellum.
— taurinum.
— transparens
  et beaucoup d'autres.
Disa grandiflora.
Epidendrum atropurpureum.
— crassifolium.
— vitellinum.
— — majus
  et d'autres.
Gongora atropurpurea.
— portentosa.

Helcia sanguinolenta.
Houlletia Brocklehursti.
Lælia acuminata.
— albida.
— anceps.
— autumnalis.
— cinnabarina.
— maialis.
— purpurata
  et plusieurs autres.
Leptotes bicolor.
Limatodes rosea.
Lycaste cruenta.
— gigantea.
— lanipes.
— Skinneri et variétés.
Masdevallia, quelques-uns.
Maxillaria Harrisoniæ.
— leptosepala.
— luteo-alba.
— nigrescens, etc.
Miltonia candida.
— Clowesi.
— spectabilis.
— — Moreliana, etc.
Odontoglossum bictoniense.
— Cervantesii.
— — membranaceum.
— citrosmum.
— — roseum.
— cordatum.
— Egertonii.
— Ehrenbergii.
— grande.
— Insleayi.
— — leopardinum.
— maculatum.
— pulchellum majus.
— nebulosum.
— Uroskinneri
  et bon nombre d'autres.
Oncidium bicallosum.
— Cavendishii.
— carthagenense.
— crispum et variétés.

Oncidium cucullatum.
— divaricatum.
— flexuosum.
— hastatum.
— incurvum.
— leucochilum.
— luridum.
— ornithorhynchum.
— Papilio.
— pulvinatum.
— sphacelatum, etc.
Phajus bicolor.
— grandifolius.
— Wallichii.
Pleione lagenaria.
— maculata.
— Wallichii.
Renanthera coccinea.
Sobralia macrantha.

Sophronitis cernua.
— coccinea.,
— grandiflora.
Stanhopea oculata.
— Bucephalus.
— Devoniensis.
— tigrina, etc.
Thunia alba.
— Bensoniæ.
Trichopilia coccinea.
— fragrans.
— picta.
— suavis.
— tortilis, etc.
Vanda teres, etc.
Vanilla aromatica.
Zygopetalum Mackayi.
— crinitum.
— intermedium.

Toutes les Orchidées de cette longue série, dont un grand nombre sont de premier ordre, et qui toutes méritent une place dans n'importe quelle collection, n'ont qu'une valeur peu élevée. Elles sont ce que, suivant les hasards de l'importation ou de la multiplication, les commerçants offrent à 50 ou 75 francs la douzaine, si on leur laisse le choix. Ce n'est pas le prix que les amateurs collectionneurs payent, chaque année pour des nouveautés en roses, en *Pelargonium*, en *Gloxinia*, en *Azalea*, en *Camellia*.

Supposons un amateur qui veuille entreprendre cette culture avec des moyens très limités. Deux douzaines d'Orchidées lui feront un fonds de collection fort intéressant, sur lequel il s'exercera pendant un an sans risquer grand'chose. L'année suivante, plus sûr de lui-même, il s'en procurera aux mêmes conditions un pareil nombre, et ainsi encore la troisième année. Riche alors de soixante-douze espèces, qui auront grandi et quelque peu multiplié, l'amateur dont nous parlons n'aura plus qu'à consacrer annuellement une petite somme, soit une centaine ou deux de francs, à des acquisitions de choix, en moindre nombre, mais d'espèces plus rares, et en peu d'années il aura pris, parmi les Orchidophiles, une place honorable.

Certes, de pareilles dépenses n'excèdent pas le budget ordinaire d'un amateur modeste ; mais tandis que toutes ces variétés hautement prônées dont on emplit les serres, perdent presque toute valeur après un an ou deux, dans les Orchidées, les valeurs croissent avec la plante. Après trois ou quatre ans de culture intelligente, une bonne Orchidée a doublé de prix ou donné des multiplications qui la représentent deux fois. Le plus avantageux est d'en faire une plante d'exposition, un exemplaire modèle ; ce sont ceux-là dont les Anglais donnent des prix fous. En tout cas, si l'on sait se défendre des impatiences et de la passion des nouveautés, une culture bien conduite doit laisser, après toutes les jouissances de l'amateur, une valeur égale, sinon supérieure à la mise de fonds.

Que dirons-nous maintenant des chances de perte par suite de négligence, de mauvaise culture, d'un chauffage défectueux ? Nous dirons : cultivez bien, ne négligez rien de nécessaire ; soyez en mesure de combattre toutes les intempéries et en garde contre les surprises de l'hiver. C'est à ces conditions que l'on est amateur de n'importe quelles plantes.

Quant aux caprices de la mode et à la dépréciation qui pourrait s'ensuivre, il faut laisser passer ces petites crises ; elles n'atteignent que les engouements irréfléchis. Ce qui est vraiment beau le sera toujours, et les Orchidées spécialement n'ont cessé de grandir dans l'estime des amateurs. Il arrive que l'on importe des centaines, un millier d'exemplaires d'une seule espèce dans le cours d'une année, et tout cela se case sans dépréciation notable.

Il est bien vrai que la culture des Orchidées ne se pratique pas sans beaucoup d'attention et d'assiduité. Est-ce un si grand mal ? D'abord il ne faut rien exagérer ; toute plante qu'on veut produire avec honneur en réclame à peu près autant. Mais ces soins mêmes que sont-ils, sinon la source d'où découlent les plaisirs du véritable amateur ? Ne s'attache-t-il pas à ses plantes

en raison directe des peines qu'elles lui coûtent? Ne recherche-t-il'
pas les difficultés pour l'honneur de les vaincre, et les distractions
du travail manuel pour se reposer des fatigues de l'esprit?

Ce travail, qui n'a rien de répugnant et n'excède point les
forces d'une dame, convient surtout au sexe aimable, et c'est
sous son patronage que nous mettons, en finissant, ces bijoux
du règne végétal, dont les fleurs peuvent orner si longtemps et
si richement un salon ou un boudoir, composer de splendides
bouquets, et, mêlées à quelques feuilles d'Adiantes, des coiffures
dont rien ne surpasse la grâce et l'originalité.

Odontoglossum gloriosum.

DEUXIÈME PARTIE

REVUE DESCRIPTIVE

DES ORCHIDÉES

cultivées en Europe

REVUE DESCRIPTIVE
DES ORCHIDÉES CULTIVÉES EN EUROPE.

Acanthephippium Ldl. Vandées. Indes orientales. Épiphytes et pseudo-bulbeuses. Grand feuillage, fleurs moyennes à pédoncules très courts, colorées en jaune et rouge. Très originales, mais peu distinguées. Serre tempérée.

On cultive çà et là les *Acanthephippium bicolor* et *silhetense*.

Acineta Ldl. (*Peristeria*). Vandées. Amérique équatoriale. Épiphytes, pseudo-bulbeuses, robustes, feuillage assez ample. Fleurs subglobuleuses, charnues, en grappes sortant de la base et pendant sous la plante ; assez belles, très curieuses. A cultiver en corbeilles suspendues, en serre tempérée ou tempérée-froide.

Espèces recommandées : *Acineta Barkeri*, fleurs en épis d'un pied de long, beau jaune tigré, de longue durée, odorantes ; *Acineta densa*, fleurs belles, jaune et carmin ; *Acineta Humboldti*, chocolat et carmin, belles, mais se fanant après peu de jours. Toutes aiment l'ombre et l'humidité à l'époque de la végétation.

Acriopsis Blume. Vandées. *Acriopsis picta*, de Sumatra. Nous la croyons disparue des collections.

Acropera Ldl. Vandées. Mexique et Amérique équatoriale. Petit genre qui se confond avec les *Gongora*.

Fleurs en grappes grêles, pendantes, tout au plus de moyenne taille, de colori brun ou jaune, plus curieuses que belles. Serre au plus tempérée, culture facile en corbeilles. On a l'*Acropera Loddigesii*, fleur brune dont une variété jaune est beaucoup meilleure, et l'*Acropera armeniaca*, bonne espèce, à grappes de vingt à trente fleurs jaune vif.

Ada Ldl. Vandées. *Ada aurantiaca* seule espèce. De la Nouvelle-Grenade, jusqu'a 2600 mètres d'altitude. Très jolie plante à fleurs de longue durée et se cultivant facilement en serre tempérée-froide. (Voir planche coloriée n° 1.)

Aerides Lour. Vandées. Indes orientales. Épiphytes d'un port distingué. Tiges cylindriques garnies depuis la base de feuilles opposées, charnues, très persistantes; émettant çà et là de grosses racines qui s'attachent aux arbres. Longues grappes axillaires de charmantes fleurs serrées, des couleurs les plus délicates, souvent odorantes, durant trois à quatre semaines ou davantage. Peu d'Orchidées rivalisent avec les *Aerides*, qui exigent, la plupart, la serre chaude indienne (15 degrés au plus bas), sauf l'*Aerides japonicum*, qui est à peine de serre tempérée, et un petit nombre d'autres (*affine*, *crispum*, *Fieldingii*), à qui suffit un minimum de 10 degrés en hiver. On en cultive une trentaine d'espèces, toutes belles.

Nous croyons inutile d'énumérer les espèces recommandables; toutes le sont à un haut degré, et plusieurs ont des variétés plus brillantes que le type. (Voir les planches n°ˢ 2, 3, 4.)

Aganisia Ldl. Vandées. Demerary. Épiphytes pseudo-bulbeuses. On cultive l'*Aganisia pulchella*, jolie plante naine, rare, portant un épi de fleurs blanches avec une tache jaune au labelle. De serre chaude, avec beaucoup d'arrosements.

Angræcum Pet.-Thou. Vandées. Afrique, Madagascar, etc. Épiphytes, port des *Aerides*, beau feuillage. Fleurs charnues, à longs éperons, blanc d'ivoire ou verdâtres, en épis axillaires, très curieuses et même très belles dans les *Angræcum sesquipedale, eburneum, Ellisii*, etc. Serre chaude, sauf pour les deux espèces japonaises.

Espèces recommandées : *Angræcum arcuatum, bilobum*, à court éperon et à fleurs blanches élégantes ; *caudatum*, grappe longue de fleurs jaune verdâtre varié de brun et labelle blanc, éperon de 25 à 30 centimètres ; *Angræcum Chailluanum*, rare, fleurs blanches du même genre ; *Angræcum citratum*, très rare, belle, fleurs jaune pâle ; *Angræcum eburneum* (fig. 180) et ses variétés robuste et distinguée, fleurs blanc d'ivoire, en hiver ; *Angræcum Ellisii*, une des plus belles, épi de fleurs jusqu'à 2 pieds de long, blanc pur, très odorantes, éperon de 6 pouces ; *Angræcum falcatum*, petite espèce japonaise, gracieuse, de serre tempérée-froide ; *Angræcum pellucidum*, fleurs blanches, *odoratissimum*, blanche, *pertusum*, blanc pur, en automne et en hiver, et enfin *Angræcum sesquipedale*, splendide espèce de Madagascar, à très grandes fleurs blanc d'ivoire avec un éperon long de 30 à 40 centimètres. Elle fleurit en hiver dans la serre chaude indienne.

Anguloa R. et Pav. Vandées. Colombie, Nouvelle-Grenade. Sémi-terrestres, pseudo-bulbeuses. Robustes, grand feuillage mou ; fleurs originales, ressemblant à de grandes tulipes, blanches, jaunes ou brunes. Serre tempérée ou tempérée-froide, faciles ; plus curieux que réellement beaux.

On peut recommander : *Anguloa Clowesii* à grandes fleurs jaune pur et labelle blanc ; *Anguloa eburnea*, fleurs beau blanc, labelle tacheté de rose ; *Anguloa Ruckeri*, jaune tacheté carmin, labelle carmin foncé ; *Anguloa uniflora*, fleur blanche ; *Anguloa virginalis*, même genre, toute tachetée de brun.

Anæctochilus Blume. Néottiées. Indes orientales. Terrestres. Ce genre forme avec les *Physurus*, les *Microstylis*, les *Goodyera*, etc., un groupe distinct de très petites plantes herbacées, à fleurs insignifiantes, mais dont les feuillages sont striés, réticulés de veines dorées ou argentées sur fond velouté, d'un fort joli effet. Elles ont eu la vogue, mais les soins tout particuliers qu'elles exigent sont peu en rapport avec leur importance.

Il faut les cultiver dans une caisse vitrée et en serre chaude,

Fig. 180. — Angræcum eburneum superbum.

les tenir très propres, très humides, tout en évitant l'excès d'arrosements. Cependant les *Goodyera* qu'on cultive avec les *Anœctochilus* demandent beaucoup moins de chaleur et plus d'air.

Ansellia Ldl. Vandées. Afrique méridionale. Épiphytes, pseudo-bulbeux. Vigoureux, port distingué. Tiges droites de

3 pieds de haut, terminées par de très longues grappes de fleurs, parfois d'une centaine, jaunes tigrées de brun, et pouvant durer jusqu'à deux mois. Bonne serre tempérée.

Ansellia africana, seule espèce cultivée, a des variétés également introduites. (Voir la planche n° 5.)

Arachnis (*Arachnanthe, Renanthera*). Vandée. Java. Tiges feuillées, droites. Épis de grandes fleurs; blanc crème ou jaune, tachetées de pourpre, figurant de grandes araignées. Odeur de musc. Curieuses fleurs de longue durée et refleurissant à la saison suivante sur les anciennes hampes. L'*Arachnis moschifera* est la seule espèce cultivée.

Arpophyllum Llave et Lax. Vandées. Guatémala, Nouvelle-Grenade. Épiphytes. Belles et grandes plantes à pseudo-bulbes allongés, surmontés d'une longue et belle feuille coriace. Les épis sont terminaux, cylindriques, formés de petites fleurs roses et pourpres, serrées, gracieuses, d'un joli effet. Serre tempérée-froide.

Les trois espèces cultivées sont l'*Arpophyllum cardinale*, à épis d'un pied de long, fleurs roses à labelle rouge; l'*Arpophyllum giganteum*, la plus belle, port distingué, fleurs pourpres et roses; l'*Arpophyllum spicatum*, jolie espèce à fleurs rouges.

Aspasia Ldl! Vandées. Amérique intertropicale. Pseudo-bulbeuses et épiphytes. Voisines des *Oncidium* et des *Miltonia*. Serre tempérée.

On cultive l'*Aspasia épidendroides* (fig. 181), grappe de fleurs variées de verdâtre et de brun, labelle blanc, pourpre, etc.; l'*Aspasia lunata*, de teintes plus agréables; l'*Aspasia psittacina*, etc.

Auliza. Synonyme d'*Epidendrum ciliare*.

Barkeria Kn. et W. Épidendrées. Amérique centrale, Mexique. Épiphytes. Plantes d'assez petite taille, à pseudo-bulbes fusiformes, perdant leurs feuilles en hiver. Fleurs terminales en épis, assez grandes, riches en couleurs, gracieuses et fort jolies. Serre tempérée ou tempérée-froide. Repos en hiver. Tous les *Barkeria* cultivés sont bons.

Barkeria elegans, épis érigés longs de 2 pieds, fleurs assez grandes, sépales et pétales rose lilacé, labelle blanc ou lilas tacheté de rouge et durant longtemps. *Barkeria Lindleyana*, cinq à sept

Fig. 181. — Aspasia epidendroides.

fleurs rose pourpré et labelle blanc tacheté pourpre ; *Barkeria melanocaulon*, plus rare, très gentille, fleurs rose et pourpre ; *Barkeria Skinneri*, qui fleurit en hiver avec une masse serrée de fleurs pourpres, et *Barkeria spectabilis*, rose et blanche, très jolie. (Voir planche n° 6.)

Batemania Ldl. Vandées. Amérique équatoriale. Épiphytes, pseudo-bulbeuses, fleurs radicales assez grandes, de diverses couleurs, parmi lesquelles il y en a de très belles, encore rares. Serre tempérée ou chaude.

On cultive : *Batemania candida*, très rare et très belle ; *Colleyi*, fleurs brun pourpré, labelle blanc et jaune ; *Beaumonti*, vertes, variées de brun ; *grandiflora*, des vallées chaudes de la Nouvelle-Grenade, épi de trois ou quatre fleurs très curieuses,

Fig. 182. — Batemania fimbriata (Galeottia).

vert olive strié brun, labelle fond blanc ; *Burti*, même genre, très beau ; *Batemania Meleagris* est synonyme de *Huntleya Meleagris*. Les *Galeottia* sont réunis aux *Batemania* (fig. 182).

Bifrenaria Ldl. Vandées. Brésil. Épiphytes à pseudo-bulbes. Ce petit genre tient aux *Lycaste* et aux *Maxillaria*. Fleurs assez jolies, en grappes, ordinairement jaunes. De serre tempérée.

On cultive les *Bifrenaria aurantiaca, aureo-fulva, Harrisonii, Hadweni*, etc., peu recherchés.

Bletia R. et Pav. Épidendrées. Terrestres. Amérique, Japon.

Fleurs en grappes lâches. souvent de jolies couleurs, peu recherchées. Serre tempérée ou froide. On cultive les *Bletia Sherratiana, patula, Shepherdi, campanulata, verecunda,* qui ont du mérite.

Bletilla. On a donné ce nom au *Bletia hyacinthina* du Japon. Cette espèce a aujourd'hui une variété dont les feuilles ont toutes leurs nervures blanches:

Bolbophyllum P.-Thou. Malaxidées. Afrique. Indes orientales. Petites épiphytes très originales, dont le labelle se meut au moindre souffle. M. Reichenbach y réunit le *Cirrhopetalum,* non moins curieux. Serre chaude.

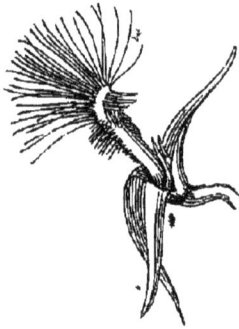

Fig. 183. — Bolbophyllum barbigerum. Fleur.

Toutes les espèces sont bizarres, quelques-unes très-intéressantes, mais aucune n'est belle (fig. 183).

Bollea Reichb. Vandées. Nouvelle-Grenade. Épiphytes, voisins des *Zygopetalum.* Le *Bollea Lalindei* a des fleurs solitaires, assez grandes, violet foncé, avec le labelle orange. Le *Bollea Patini* (fig. 184) a les fleurs plus grandes, moins colorées. Serre tempérée chaude.

Bollea cœlestis, espèce toute nouvelle, très rare et belle. Peut être de serre tempérée-froide.

Brassavola R. Br. Épidendrées. Amérique intertropicale. Épiphytes de petite taille, feuille unique, cylindrique, charnue. Fleurs blanches, en petit nombre, souvent insignifiantes et s'ouvrant mal. De serre tempérée et très rustiques. Il y a une belle et curieuse espèce, le *Brassavola Digbyana,* et quelques autres, qu'on cultive avec intérêt sur bois plutôt qu'en pots.

Tels sont les *Brassavola acaulis, fragrans. Gibsiana, glauca, grandiflora, Mathieuana, striata.*

Brassia R. Brown. Vandées. Amérique équatoriale. Épiphytes. Ce genre, qui confine aux *Oncidium,* s'en distingue dans les espèces cultivées par ses pétales très allongés et une forme assez particulière. Les fleurs, en longues grappes pendantes, grandes, peu étoffées, de couleurs généralement verdâtres ou sombres, sont cependant belles et intéressantes. Serre tempérée.

Fig. 184. — Bollea Patini, d'après le *Gardeners' Chronicle.*

Aucun *Brassia* n'est à dédaigner, quoique la plupart n'aient que des couleurs ternes. Cependant les *Brassia Gireoudiana, Lanceana, Lawrenceana*, ont de belles grandes fleurs d'un jaune plus ou moins vif. Le *Brassia verrucosa* a des fleurs vert pâle et le labelle blanc; *Wrayæ*, vert jaunâtre, labelle jaune. On estime encore les *Brassia brachypus, brachiata, macrostachya*, etc.

12

Bromheadia Ldl. Vandées. Épiphytes. Sumatra. *Bromheadia palustris*, synonyme de *Grammatophyllum Finlaysonianum*. Tiges cylindriques érigées, feuillées, grappes de nombreuses et grandes fleurs blanches à labelle pourpre. Serre chaude.

Broughtonia R. Br. Épidendrées. Antilles. Pseudo-bulbeuses et épiphytes. Ce genre n'a qu'une espèce cultivée : le *Broughtonia sanguinea*. Ses épis de fleurs sortent, en été, du sommet des pseudo-bulbes ; elles sont jolies, d'un rose carminé, et durent longtemps ; chaleur et soleil modérés, bons arrosements en été.

Burlingtonia Ldl. Vandées. Brésil, etc. Épiphytes, petites de taille, bon feuillage, fleurs moyennes. Jolies ou très jolies, coloris variés. Ne supportent ni la sécheresse ni le froid. Serre chaude, en corbeilles.

Burlingtonia Batemani, rare, très belle, délicieusement odorante, fleur blanche à labelle mauve ; *Burlingtonia candida*, même genre, labelle blanc et jaune ; *Burlingtonia decora*, tiges rampantes, fleurs en épis, blanches à jolis dessins roses ; *Burlingtonia Farmeri*, genre du *Burlingtonia candida*, très gentille espèce ; *Burlingtonia fragrans*, délicieuse odeur d'aubépine, fleur blanche avec du jaune au centre ; *Burlingtonia venusta*, mêmes couleurs ; *Burlingtonia granatensis*, nouvelle espèce ; *Burlingtonia rigida*, fleur blanche striée pourpre, odeur de violette.

Les *Burlingtonia* sont presque toutes de très bonnes plantes, dont la culture réclame quelque attention.

Calanthe R. Br. Vandées. Indes orientales, Japon, Népaul. Terrestres. Beau genre assez étendu, fleurs en longues grappes dressées. Culture des Orchidées terrestres en serre tempérée. On estime beaucoup les *Calanthe veratrifolia*, *Masuca*, *vestita*, etc. Le *Calanthe Sieboldi*, jolie espèce japonaise, est de serre tempérée-froide.

Calanthe veratrifolia, forte plante, épi très serré de fleurs du plus beau blanc ; *Calanthe curculigoides*, même genre, mais *fleurs oranges et floraison moins facile ; *Calanthe furcata*, long épi de fleurs blanches ; *Calanthe Masuca*, violet et pourpre ; le *Calanthe-Sieboldi* a les fleurs jaunes. On cultive beaucoup le *Calanthe vestita* et ses variétés, blanches à œil rose, jaune, etc.

Camaridium Ldl. *Camaridium ochroleucum*, synonyme de *Cymbidium ochroleucum* Lidl.

Camarotis Ldl. Vandées. Indes. Épiphytes à tiges cylindriques, ascendantes, feuilles étroites et coriaces ; *Camarotis purpurea*, jolies fleurs roses en nombreux épis ; *Camarotis obtusata*, rare, rose et labelle jaune. Serre indienne.

Catasetum (*Myanthus*, *Monacanthus*) Rich. Vandées. Amérique équatoriale. Régions chaudes en plein soleil. Ils sont terrestres, à gros pseudo-bulbes et à feuilles caduques. Fleurs en grappes radicales, assez grandes et des plus curieuses. La plupart n'ont que des couleurs livides, et la culture en est assez difficile. Les *Catasetum fimbriatum*, *crinitum*, *cristatum*, sont cependant beaux. Serre chaude ou tempérée.

Les espèces citées appartiennent au vieux genre *Myanthus* ; elles ont des teintes gaies, qui manquent aux autres. On en trouve encore un certain nombre dans les cultures, mais leur conservation est difficile et la plupart sont plus étranges que beaux.

Cattleya Ldl. Épidendrées. Amérique intertropicale. Épiphytes. Aucun genre d'Orchidées ne l'emporte sur les *Cattleya*, dont les fleurs, ordinairement en grappes terminales, sont toujours grandes, parfois énormes, et presque toujours de couleurs délicates ou éclatantes, avec des dessins variés à l'infini. Plusieurs de ces fleurs sont odorantes, et elles durent de deux à quatre semaines. Leurs feuilles charnues, coriaces, persistent pendant des années ; elles couronnent des tiges cylindriques ou fusiformes. L'ensemble est tantôt trapu et compact, tantôt de taille imposante. Les *Cattleya* sont de serre tempérée, et plusieurs supportent sans dommage des températures assez basses. Leur culture est facile, sur bois garni de sphagnum, et préférablement en pots. Leur floraison, ordinairement vernale, est presque assurée.

Nous ne pouvons songer à caractériser ici les 75 à 100 espèces ou variétés nommées de *Cattleya* qui sont répandues dans les

Fig. 185. — Cattleya gigas (¹/₆ gr. nat.).

collections. Sauf le seul *Cattleya Forbesii*, dont la fleur n'est ni grande ni de couleurs agréables, toutes les espèces du genre sont belles ou très belles. Il y a des *Cattleya* de petite taille, tenant peu de place, et cependant à grandes fleurs brillantes ; tels sont les *Cattleya Aclandiæ*, *pumila* (*Lœlia*), *citrina*, *marginata*, *Schilleriana*, *Walkeriana* (*bulbosa*). D'autres sont de haute taille, s'élevant, fleurs comprises, presque à 1 mètre et couronnés de grosses inflorescences d'un effet magnifique. Ceux de taille moyenne ne sont pas moins beaux, et parmi eux il faut noter en première ligne le *Cattleya labiata* et ses variétés, auxquelles se rattachent le *Cattleya Mossiæ*, constituant plutôt une race qu'une espèce, et qui est lui-même le type d'une nombreuse et éclatante lignée, ainsi que les *Cattleya speciosissima*, *Gigas* (fig. 185), *Dowieana*, *Wagneri*, *Warneri* et *Skinneri*. Aux nombreuses et

Fig. 186. — Chysis bractescens (1/10 gr. nat.).

magnifiques espèces du genre *Cattleya* viennent se joindre les hybrides obtenus par les horticulteurs éminents de l'Angleterre, *Cattleya hybrida*, *irrorata*, *exoniensis*, *quinquecolor*, *Brabantiæ*, *Sedeni*, etc., tous constituant d'excellentes acquisitions. (Voir planches nos 7, 8, 9.)

Chelonanthera speciosa. Voir *Cælogyne speciosa*.

Chysis Ldl. Vandées. Mexique, Amérique centrale, etc. Genre peu étendu d'épiphytes à gros pseudo-bulbes et à feuilles caduques. Fleurs en grappes radicales, courtes, grandes et belles. Les espèces cultivées sont toutes bonnes. Serre tempérée; repos en hiver avec très peu d'eau.

Chysis aurea, grappe de fleurs jaunes, souvent deux fois l'an, très jolies; *Chysis bractescens* (fig. 186), grandes fleurs blanches, une tache jaune au labelle; *Chysis lœvis*, huit fleurs en épi incliné, grandes, jaune et orange avec une teinte de carmin au labelle; très bonne espèce; *Chysis Limminghei*, fleurs roses et œillet, très jolies et faciles à obtenir. On cite encore *Chysis undulata* forte et des plus belles, fleurs beau jaune orangé, labelle crème ligné pourpre, rare.

Cirrhæa Ldl. Vandées. Brésil, etc. Épiphytes pseudo-bulbeux, voisins des *Gongora* et des *Acropera*. Ce petit genre très délaissé a des grappes pendantes de fleurs très bizarres, assez jolies, de peu d'effet et ne se montrant pas volontiers. Culture facile en pots ou mieux en corbeilles suspendues, en serre tempérée.

Cirrhopetalum Ldl. Malaxidées. Indes orientales. Se confondant avec les *Bolbophyllum*; genre de petites Orchidées épiphytes très originales, à ombelles rouges ou jaune varié. Elles ne tiennent pas grande place et méritent la culture en serre chaude près des jours, avec repos relatif en hiver.

Cleisostoma Blume. Vandées. Ceylan, Indes orientales. Tiges feuillées, érigées; épis de fleurs charnues de diverses couleurs. Il y en a d'insignifiants, mais les *Cleisostoma crassifolium*, à panicule de fleurs vert de mer avec un labelle rose; *Dawsonianum*, à fleur jaune variée de brun; *lanatum*, *latifolium*, *roseum*, paille à labelle rose; *ionosmum*, à panicule jaune variée de rouge brique, etc., sont de gracieuses plantes qu'on peut mêler aux nobles plantes de la serre indienne.
Voisins des *Sarcanthus*.

Cœlia Lindl. Malaxidées. Mexique et Guatemala. Épiphytes et pseudo-bulbeuses; *Cœlia macrostachya*, long épi de fleurs roses, sans grand mérite. Le reste insignifiant.

Cœlogyne Ldl. Malaxidées. Indes orientales, Népaul, Chine. Les *Cœlogyne* sont nombreux, et à côté de quelques espèces à petites fleurs de couleur sombre, ils en ont de très jolies, dignes de figurer dans toutes les collections, tels que *cristata*, *fuscescens*, *speciosa*, *Cumingii*, *Lowii*, etc., etc. La première est du Népaul et de serre tempérée-froide, la dernière de serre chaude ; les autres ne demandent qu'une chaleur moyenne, et fleurissent facilement.

Les *Pleione* ont été détachés de ce genre. Voir.

Les fleurs des *Cœlogyne* les meilleurs sont assez grandes et ne varient guère en couleur que du blanc au jaune, ordinairement avec les deux couleurs réunies.

Colax Ldl. Vandées. Brésil. *Colax jugosus*, seule espèce cultivée. Épi de deux ou trois fleurs très belles, grandes, blanc-crème tacheté de pourpre. Serre tempérée ou tempérée-froide.

Comparettia Pœpp. et Endl. Épidendrées. Amérique équatoriale. Petit genre d'Épiphytes pseudo-bulbeuses. Deux espèces seulement, les *Comparettia coccinea* et *falcata*, naines, fleurs brillantes, rouge et orange mêlés, ou carmin, venant en hiver. Beaucoup d'eau et serre tempérée.

Coryanthes Hook. Vandées. Amérique équatoriale. Épiphytes sur les branches exposées au soleil. Gros pseudo-bulbes, feuilles longues, persistantes. Épi sortant de la base avec quatre ou cinq fleurs très grandes, fond jaune et de la forme la plus extraordinaire. Culture chaude, peu d'ombrage, repos hivernal avec très peu d'arrosement.

On estime beaucoup *Coryanthes macrantha*, *maculata* et *speciosa* (fig. 187), mais leur culture est difficile et on les rencontre peu.

Cottonia Wight. Vandées. *Cottonia peduncularis*, de serre tempérée. Synon. de *Vanda macrostachya*.

Cryptarrhena. Voir *Aspasia.*

Cycnoches Ldl. Vandées. Amérique équatoriale. Longs pseudo-bulbes fusiformes, feuilles tombant aussitôt la pousse

Fig. 187. — Coryanthes speciosa (¹/₃ gr. nat.).

Fig. 188. — Cymbidium Lowianum. (Réduction faite d'après une gravure du *Gardeners' Chronicle*.)

aoûtée. On en a détaché les *Polycycnis*. Genre voisin des *Coryanthes*, de forme très étrange. Même culture, moins difficile, et floraison plus assurée.

Les vrais *Cycnoches* sont rares dans les collections. Ils exigent une bonne chaleur pendant leur végétation, et un repos complet, à une température modérée, après leur pousse. Trop d'eau en hiver les tue rapidement, comme les genres voisins : *Coryanthes*, *Catasetum*, etc.

On cultive les *Cycnoches aureum*, à fleurs jaune clair en longs épis ; *barbatum*, verdâtre tacheté rouge ; *chlorochilum* à fleurs jaunes et labelle verdâtre ; *Loddigesii*, l'une des plus belles espèces, à très grandes fleurs vertes et brunes ; *pentadactylon*, mêmes couleurs ; *ventricosum*, jaune verdâtre à labelle blanc, odorant. Le *Cycnoches Pescatorei* a formé le genre *Luddemannia*.

Cymbidium Sw. Vandées. Asie intertropicale, Chine, etc. Épiphytes. Pseudo-bulbes peu apparents ou nuls. Grandes et belles feuilles coriaces, très persistantes. Fleurs en grappes parfois très longues ; blanc d'ivoire ou de couleurs sombres. Le genre est peu recherché, mais il renferme de belles espèces, telles que les *Cymbidium eburneum*, *pendulum*, *assamicum*, *giganteum*, *Lowianum* (fig. 188), etc. Culture très ordinaire en serre tempérée.

Cypripedium Linné. Cypripédiées. Terrestres et très rarement épiphytes, sans pseudo-bulbes. Nous avons décrit ceux du nord. Les espèces intertropicales sont des plantes basses, touffues, tenant peu de place, à feuillage persistant souvent orné de belles macules. Les fleurs sont ordinairement solitaires, très grandes, de formes bizarres et élégantes, rarement de couleurs gaies, mais de teintes très variées. Elles durent très longtemps. et la plupart s'épanouissent en hiver.

Les *Cypripedium* sont nombreux et s'accroissent même de variétés et d'hybrides obtenus dans les serres. On les recherche beaucoup, et aucune collection ne peut s'en passer. La culture en est des plus simples, en serre tempérée ou même froide pour

Fig. 189. — Cypripedium Stonei.

ceux du Népaul, avec beaucoup d'eau en toute saison. Aucun
Cypripedium n'est sans mérite (fig. 189 à 191).

Il est difficile de faire un choix parmi les *Cypripedium* qui, en

Fig. 190. — Cypripedium Parishii.

réalité, sont tous de belles et bonnes plantes, quoiqu'à des titres
différents. Le vieux *Cypripedium insigne* fleurit admirablement

en plein hiver dans une serre froide, ou mieux un peu tempérée, pourvu qu'on l'arrose amplement en tout temps. Le *Cypripedium venustum*, autre vieillerie, est fort joli, mais pousse et fleurit beaucoup moins. Parmi les espèces indiennes ou des îles

Fig. 191. — Cypripedium candatum.

asiatiques il y a une telle variété d'espèces à beau feuillage très persistant et à fleurs aussi originales que magnifiques, qu'il faut renoncer à les décrire (fig. 190). Toutes, sans exception, sont très désirables et d'un grand effet dans les collections, surtout celles qui fleurissent l'hiver, telles que *biflorum*, *Fairieanum*, *Hirsutissimum*, *villosum*, etc. On peut leur reprocher des couleurs généralement un peu sombres, quoique très gaies souvent dans leur ensemble, et faisant exception pour les *concolor* et *nœvium* à fleurs blanc crème ou blanc pur pointillé. Les espèces américaines des régions intertropicales sont très distinctes et communément fort belles dans un autre genre. On y distingue le groupe d'espèces à pétales prolongés en lanières (*Selenipedium*), dans lequel se range le *Cypripedium carycinum* (*Pearci*), à grappée droite de fleurs vertes variées de brun et de blanc, le *Cypripedium longifolium*, également à grappe de nombreuses fleurs s'épanouissant une à une, mêlées de vert, de blanc et de brun, surtout le *Cypripedium caudatum* (fig. 191), l'une des plus étranges et des plus belles Orchidées, de couleurs assez vives et à pétales en lanières étroites s'allongeant progressivement jusqu'à plus de 50 centimètres. Il y a encore le *Cypripedium Schlimii*, très distinct des autres, avec sa grappe de grandes fleurs blanches variées de vert et de rose, et qui a donné naissance, par croisement avec le *caudatum*, au bel hybride *Cypripedium Sedeni*, blanc et rose. (Voir planches n°s 10, 11, 12, 13, 14.)

Cyrtochilum H. B. K. Vandées. Amérique intertropicale. Genre douteux dont les espèces rentrent la plupart dans les genres *Oncidium*, *Odontoglossum* et *Miltonia* (fig. 192).

Cyrtopera Ldl. Vandées. Nord de l'Inde. On cultive *Cyrtopera flava*, à long épi de grandes fleurs jaunes. Les autres sont insignifiants.

Sims a donné le nom de *Cyrtopodium* au *Cyrtopera Woodfordi*.

Cyrtopodium R. Br. Vandées. Amérique équatoriale. Énormes Orchidées pseudo-bulbeuses, terrestres, vivant en plein soleil à une altitude moyenne. Leur végétation a de longs arrêts qu'il faut respecter. Les fleurs en fortes grappes radicales, jaune pur ou agrémentées de taches rouges, sont grandes et belles, et tout l'ensemble majestueux. Beaucoup de place, grands pots et sol substantiel, arrosements fréquents pendant la végétation, plus rares ensuite ; soleil modéré en été et chaleur élevée lors de la pousse, plus tempérée ensuite.

✦On cultive *Cyrtopodium Andersonii*. à pseudo-bulbes atteignant jusqu'à 5 pieds de haut et à grappe radicale de fleurs jaunes. Le *Cyrtopodium punctatum* est moins·haut et ses fleurs sont maculées de rouge.

Cyrtosia Ldl. Aréthusées. Plante aphylle, grimpante, voisine des Vanilles; fleurs nombreuses en panicule beau jaune soufre.

Deckeria. Voir *Schomburgkia*.

Dendrobium Sw. Malaxidées. Indes orientales, Australie, Malaisie. Épiphytes et pseudo-bulbeux, le plus souvent à· longues tiges cylindriques ou fusiformes, articulées, garnies de feuilles distiques tombant avant la floraison. Si les *Dendrobium* avaient un feuillage plus persistant, aucune plante ne leur disputerait la palme. Ce défaut n'est sensible que jusqu'à la floraison, et quand les tiges nues se couvrent de fleurs, aussi brillantes que distinguées, on regretterait de voir ce richissime ensemble interrompu par la verdure. D'autres ont des tiges pseudo-bulbeuses terminées par des épis de fleurs le plus souvent pendants et atteignant, dans certaines espèces, des proportions majestueuses. Celles-ci ne le cèdent guère aux précédentes. On possède aussi des *Dendrobium* de taille très réduite. qui sont au moins fort gracieux, comme le *Dendrobium Jenkinsii*. ✦En revanche, certaines espèces (*Dalhousianum, Calceolus, Devonianum, speciosum Hillii, taurinum*, etc.), toutes fort distinguées, atteignent de 4 à 8 pieds de haut. Quelques espèces sont assez insignifiantes ou rebelles à la culture, mais une·bonne centaine sont des plantes de premier ordre, très variées entre elles, de formes très agréables et de teintes aussi fraîches qu'originales. L'aire considérable qu'ils occupent et la diversité des types ne permettent d'indiquer leur culture que d'une manière générale. Ce sont des plantes assez accommodantes, demandant quelque repos et le grand jour en hiver; beaucoup d'eau le reste de l'année, et une chaleur moyenne, qui, pour la plupart, peut descendre à 8 ou 10 degrés centigrades en hiver. Plusieurs sont même de serre tempérée-froide, tels que les *Dendrobium nobile*,

Fig. 192. — Odontoglossum bictoniense (Cyrtochilum).

chrysanthum, *Falconeri*, *moniliforme*, *japonicum*, *speciosum*, *heterocarpum*, *transparens*.

Le *Dendrobium nobile*, en particulier, est une des plus précieuses Orchidées, non seulement par la rare beauté et l'extrême abondance de ses fleurs blanches et pourprés, mais par sa vigueur et sa facilité à croître et à fleurir en serre chaude, tempérée ou tempérée-froide.

On cultive les *Dendrobium* sur bois, suspendus aux chevrons de la serre, en corbeilles ou en pots; mais pour la plupart, et surtout pour les espèces de forte taille, la culture en pots, dans le sphagnum pur ou mêlé de fragments de terre, etc., est de beaucoup préférable.

Dendrochilon Blume. Malaxidées. Philippines. Petites épiphytes à fleurs sortant du sommet des pseudo-bulbes en longues grappes pendantes. Ces fleurs sont petites et tout simplement vertes ou verdâtres, mais tellement gracieuses, qu'il leur faut une place dans toute serre chaude, où on les cultive en pots bien drainés, à la manière ordinaire.

Le *Dendrochilon filiforme*, à toutes petites fleurs d'un vert uniforme, est très recherché; le *Dendrochilon glumaceum* a des fleurs plus grandes, blanc verdâtre, très odorantes et très élégantes. On cultive encore les *Dendrochilon latifolium*, *longifolium*, etc.

Dichæa. Voir *Isochilus*.

Disa Linné. Ophrydées. Du Cap. Terrestres, au bord des ruisseaux sur la montagne de la Table, où leur pied baigne dans l'eau en hiver. Cet hiver du Cap correspond à notre été, et il faut leur prodiguer les arrosements surtout en cette saison, où ils fleurissent. Un sol argilo-tourbeux et un bon drainage sont les autres conditions de cette culture, jadis réputée impossible et devenue très ordinaire. Serre froide ou tempérée-froide. Les espèces répandues en Europe sont magnifiques.

Outre le *Disa Baueri*, figuré plus loin, on cultive beaucoup le *Disa grandiflora*, qui n'en diffère guère que par la couleur. On

13

en trouve quelques autres, très rares, dans quelques collections d'Angleterre. Nous en avons parlé au chapitre X.

Duboisia R. Br. *Duboisia Raimondi*, de serre tempérée.

Encyclia. Section du genre *Epidendrum*.

Epidendrum Linné. Épidendrées. Amérique intertropicale et Antilles. C'est par trois cents ou quatre cents que l'on compte les *Epidendrum*, dans lesquels M. Reichenbach fait en outre rentrer les *Cattleya*, etc. Il y a des *Epidendrum* de toutes les formes, avec ou sans pseudo-bulbes, aériens ou semi-terrestres, des régions chaudes, tempérées ou froides. Beaucoup sont insignifiants ; mais il y en a d'excellents et dont on ne peut se passer, tels que *vitellinum, macrochilum, nemorale, Sceptrum, myrianthum, bicornutum, paniculatum, Stamfordianum, Catillus, Fredericii Guillelmi, prismatocarpum, syringothyrsus*, et d'autres. Culture ordinaire suivant les provenances et le mode de végétation, en pots ou sur bois.

Il faut se défier des *Epidendrum* a gros pseudo-bulbes piriformes (*Encyclia*), qui produisent communément de longues hampes terminées par une panicule de fleurs brunes ou jaunâtres, d'un intérêt fort médiocre, et dont le seul mérite réel est de répandre des odeurs fort agréables. Les *Epidendrum macrochilum, phœniceum, nemorale, bicornutum, vitellinum*, etc., ne doivent pas être confondus dans cette proscription ; ils ont des fleurs fort agréables, les deux premiers dans les teintes foncées, le troisième avec de fort jolis dessins roses et blancs ; le quatrième a de grandes et belles fleurs blanches à peine tachetées de carmin au centre, grandes et en forte grappe, mais de culture difficile en serre chaude. Quant au cinquième, nous en donnons plus loin la figure. A côté de ce premier groupe viennent les *Epidendrum* à pseudo-bulbes longs et comprimés, et à fleurs souvent odorantes, ce qui a valu à la section le nom d'*Osmophytum*. Les très belles espèces y sont rares, mais on peut recommander aux grandes collections surtout les *Epidendrum prismatocarpum, Brassavolœ, Sceptrum*, probablement le plus beau, à longues

grappes colorées de brun, de poupre et de blanc. Il y en a
d'autres encore qui ne sont pas sans mérite.

'Sans nous arrêter à d'autres formes moins importantes, nous
avons à signaler une section beaucoup plus riche en espèces
recommandables, celles des *Epidendrum* sans pseudo-bulbes, à
tiges droites, garnies de feuilles distiques, tantôt dans toute leur
longueur, tantôt seulement vers le sommet, et même bornées à
deux ou trois feuilles charnues (*Epidendrum aurantiacum*), imitant ainsi parfaitement un *Cattleya*. C'est à cette section (*Amphi-
glottium*) qu'appartient le bel *Epidendrum Frederici Guillelmi*,
figuré plus loin, et nombre d'autres fort beaux, à ample panicule de fleurs roses, rouges, etc., tels que *Catillus*, *syringothyrsus*, *cinnabarinum*, *cnemidophorum*, *crassifolium*, *myrianthum*,
paniculatum, *rhizophorum*, etc.

·La culture des *Epidendrum* est le plus souvent très facile. La
plupart sont de serre tempérée, mais ceux que nous venons de
citer en dernier lieu se contentent pour la plupart de la serre
tempérée-froide, en pots ou en corbeilles et dans le sphagnum
plus ou moins pur. Les espèces de moindre développement viennent bien sur bois, avec force arrosements pendant la végétation, moins et même très peu en hiver.

Épistephium. L'*Epistephium Williamsii* est un synonyme
du *Sobralia sessilis*, jolie espèce naine à fleurs roses.

Eria Ldl. Malaxidées. Inde, Chine, Afrique équatoriale. Épiphytes. Genre nombreux, qui renferme quelques espèces à peine
jolies et dont la culture est délaissée. Serre chaude ou tempérée.

' On peut indiquer, sans recommandation : *Eria ornata*, *rosea*,
stellata, *ferruginea*, *vestita*, tous curieux et assez agréables.

Eriopsis Hooker. Vandées. Amérique équatoriale. Épiphytes
pseudo-bulbeux. Plantes curieuses et jolies, fleurs en grappes,
assez grandes. Demandent beaucoup d'eau et de lumière. Soleil
modéré. Serre tempérée-froide ou tempérée.

On ne cultive que les *Eriopsis biloba* et *rutidobulbon*, que
quelques-uns tiennent pour synonymes, à épis de fleurs jaunes

et oranges, labelle ·blanc, jolies, à peine de serre tempérée. On signale une nouveauté, l'*Eriopsis Sceptrum*, encore très-rare.

Esmeralda Rchb. Voir *Vanda Cathcarti*.

Etæria. Voir *Anœctochilus*.

Eulophia R. Br. Vandées. Afrique. Terrestres. Ce genre assez nombreux n'a presque rien qui vaille la culture. On mentionne cependant une belle espèce du ·Cap et de ·serre froide, l'*Eulophia Dregeana*, produisant des épis de fleurs à ·pétales chocolat et labelle blanc, ressemblant à des pigeons ·pendus par le bec, encore très rare.

Evelyna Ldl. Aréthusées. Amérique équatoriale. Caulescents, très voisins des *Sobralia*, ·mais bien moins beaux. On cultive en serre tempérée-froide l'*Evelyna kermesina*, ·belle espèce, l'*Evelyna caravata*, médiocre.

Fernandezia Ruiz et Pav. Vandées. Amérique équatoriale. Épiphytes. Petit genre que son ·originalité n'a pas sauvé d'un abandon· à peu près complet. Nous trouvons cependant encore le *Fernandezia robusta*, de serre chaude.

Galeandra Ldl. Vandées. Amérique équatoriale. Épiphytes· ·pseudo-bulbeux à feuilles décidues. Il y a trois ou quatre espèces de *Galeandra* cultivées, qui demandent des soins attentifs et les méritent par leurs grandes fleurs en épis pendants, de couleurs très agréables. *Galeandra Baueri* (fig. 193), *cristata*, *Devoniana*. Le reste ou à peu près ne vaut pas la culture. En pots, en serre chaude. Repos après la chute des feuilles. ·Lumière.

Galeottia Rich. et Gal. Vandées. Mexique. Épiphytes. Ce genre, dédié à ·un homme mort bien jeune, victime de ·son dévouement à la science, a dû ·être supprimé et ses espèces ont été réunies aux *Batemania*. Les *Galeottia* ·étaient de très belles· et rares Orchidées de serre tempérée.

Gomeza. Voir *Rodriguezia et Odontoglossum*.

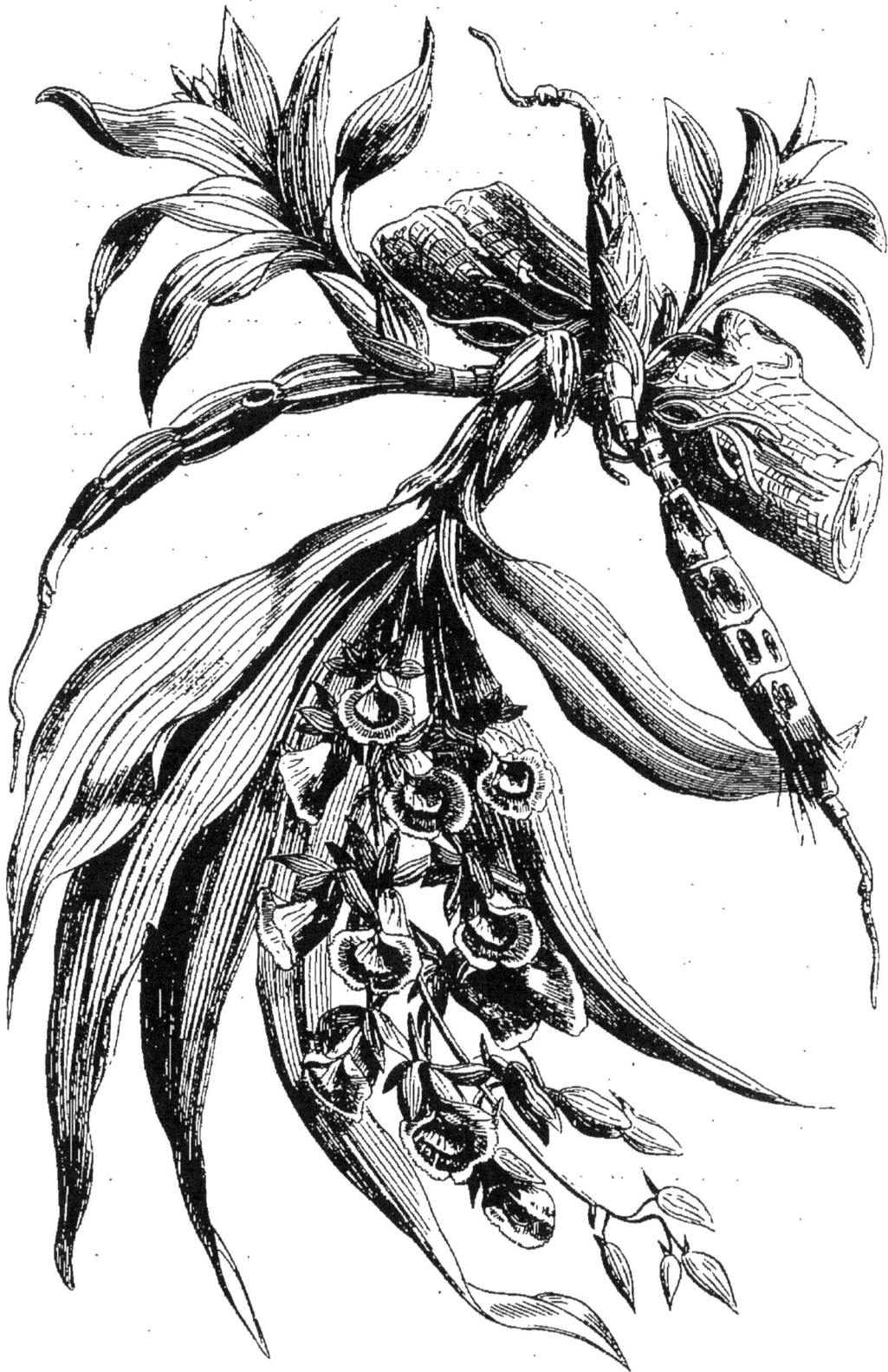

Fig. 193. — Galeandra Baueri (½ gr. nat.).

Gongora Ruiz et Pav. Vandées. Amérique intertropicale. Pseudo-bulbeux. Grandes feuilles membraneuses, fleurs en longues grappes radicales, pendantes, couleur généralement jaune mêlée de brun et de blanc, odorantes, imitant des volées d'insectes fantastiques. *Gongora atropurpurea, portentosa, maculata.* Serre tempérée, en corbeilles. Culture ordinaire.

Ce genre ne jouit pas d'une grande estime; il est cependant de culture très facile et fleurit abondamment. En outre, ses fleurs d'un brun presque noir dans l'*atropupurea* avec une forte odeur de girofle, jaune varié de blanc et de pourpre dans les *maculata*, *bufonia*, *portentosa*, etc., méritent une place et prospèrent en corbeilles suspendues aux chevrons de la serre.

Fig. 194 à 198.
Goodyera repens (¹/₃ gr. nat.).

Goodyera R. Br. Néottiées. Europe, Brésil, Amérique nord, Japon, Malaisie, Népaul, etc. Terrestres. Ce genre si répandu n'est cependant pas d'une grande valeur. Il se distingue par la gentillesse de ses feuilles veloutées, réticulées, etc., qui en font admettre quelques espèces à côté des *Anœctochilus*. Le *Goodyera discolor* à feuilles veloutées et à fleurs en épis, blanches et jaunes, est une jolie plante de serre tempérée. On peut cultiver en serre froide les *Goodyera pubescens*, *macrantha*, *velutina*, etc. Les espèces européennes ont très peu de valeur (fig. 194 à 198).

Govenia Ldl. Vandées. Amérique équatoriale. Épiphytes. Petit genre de serre tempérée, d'un intérêt fort médiocre et qui a disparu des collections, sauf le *Govenia tingens* et très peu d'autres. *Govenia superba*, bon.

Grammatophyllum Blume. Vandées. Java, Madagascar. Nobles plantes, des plus grandes parmi les Orchidées, leurs tiges 'pouvant s'élever jusqu'à 10 pieds. Ils exigent beaucoup d'espace et de chaleur, et sont avares de leurs magnifiques fleurs, qui naissent à la base des tiges en très longues grappes fond jaune maculé de brun. *Grammatophyllum speciosum, Ellisii.* Ce dernier, moins grand, fleurit mieux. Repos hivernal.

Grobya Ldl. Vandées. Brésil. Épiphytes. On a cultivé le *Grobya Amherstiæ,* jolie espèce à fleurs en grappes, violettes et blanches en dedans, jaunes au revers, de serre tempérée.

Habenaria Willd. Néottiées. Terrestres. Europe, Amérique nord et sud. Plus curieux que beaux, les *Habenaria* ont des espèces qui peuvent venir à l'air libre, dans des conditions très favorables, à côté d'espèces de serre tempérée à peine mediocres.

Hœmaria. *Hœmaria discolor* est synonyme de *Goodyera discolor.*

Hartwegia Ldl. Épidendrées. Pseudo-bulbeux et épiphytes. Les *Hartwegia* sont de toutes petites plantes mexicaines ou guatemaliennes, de conservation assez difficile et de serre tempérée-froide. On ne cultive à notre connaissance que le *Hartwegia purpurea,* bonne espèce à fleurs roses.

Helcia Ldl. Vandées. Du Pérou. Le *Helcia sanguinolenta* est la seule espèce cultivée. Pseudo-bulbeux. Grande fleur radicale, jaune tacheté de brun, labelle blanc et pourpre. Serre tempérée-froide.

Houlletia Brongn. Vandées. Brésil. Colombie. Épiphytes pseudo-bulbeux. Plantes vigoureuses, dont les fleurs radicales, en grappes, ont des rapports avec les *Stanhopea.* Elles sont grandes, de teintes jaunes variées de blanc et de rouge, comme vernissées, et aussi belles que curieuses. Culture ordinaire en serre tempérée et en corbeilles ou en pots bien drainés.

Houlletia Brocklehursti, assez grandes fleurs brun orangé, tachetées de brun foncé, labelle jaune tacheté; *Houlletia odoratissima,* même genre, labelle blanc; *Houlletia tigrina,* de teintes plus gaies, bon.

Huntleya Bat. Vandées. Brésil; Colombie, etc. Épiphytes à petits pseudo-bulbes. Bon feuillage. Taille moyenne, compactes, fleurs assez grandes, radicales, très agréables, de coloris distinct, odorantes. Culture médiocrement facile en serre tempérée, en pots. Les *Huntleya* se placent tout près des *Warrea, Warscewitzella, Zygopetalum* et *Pescatorea*.

Dans l'impossibilité de désigner ici les espèces propres du genre *Huntleya* et celles qui se répartissent plus ou moins heureusement entre les quatre genres que nous venons de citer, nous nous bornerons à dire que les *Huntleya* et leurs proches alliés sont, à peu d'exceptions près, des plantes distinguées, méritant les soins des amateurs, mais en exigeant un peu trop.

Isochilus R. Br. Épidendrées. Mexique, Antilles. Les *Isochilus linearis* et *graminifolius*, espèces assez intéressantes, sont à peu près les seules qu'on retrouve dans quelques serres tempérées ou chaudes.

Ionopsis Humb. et Kth. Vandées. Amérique tropicale. Épiphytes pseudo-bulbeux. Tout petit genre ; deux espèces cultivées à longues grappes de petites fleurs blanches et roses, très jolies, très florifères, mais délicates. On les cultive ordinairement sur bois ; près du vitrage, en serre tempérée et même tempérée-froide.

Kefersteinia Reichb. Vandées. Amérique intertropicale. Épiphytes. *Kefersteinia graminea* (*Zygopetalum gramineum*), gentille espèce à fleurs blanches et pourpres. Les *Kefersteinia leucantha* et *sanguinolenta* sont encore fort rares et très enviées. Les *Kefersteinia* sont de serre tempérée-froide et se cultivent comme les *Zygopetalum* dont ils sont très voisins.

Kœllensteinia Reichb. Vandées. Amérique intertropicale. Epiphytes. *Kœllensteinia ionoptera*, belle et rare espèce de serre tempérée-froide. *Kœl. graminea*, médiocre, voisins des *Maxillera*.

Lacæna Ldl. Vandées. Épiphyte de Panama, le *Lacæna bicolor* est le seul du genre que l'on ait cultivé. Il porte une grappe pendante de fleurs jaunes variées de violet et de pourpre. Serre chaude.

Lælia Ldl. Épidendrées. Amérique intertropicale. Pseudo-bulbeux ; épiphytes. Les *Lælia* tiennent de très près aux *Cattleya*, avec lesquels plusieurs rivalisent sans peine. C'est un genre assez nombreux, très varié et magnifique. Il exige moins de chaleur que les *Cattleya*, et n'est pas plus difficile. Même culture, mais en serre tempérée et tempérée-froide pour un bon nombre. Tous sont bons, mais non au même degré.

Peu de plantes peuvent rivaliser avec le *Lælia purpurata*, dont la haute taille et les énormes fleurs à sépales et pétales blancs et à labelle carminé dans le type, plus roses dans les variétés, le cèdent à peine aux plus brillants *Cattleya*. Les *Lælia elegans, Schilleriana, Turneri, Wolstenholmœ* et leurs variétés, formes diverses d'un même type, ne le cèdent guère au *purpurata*. Il faut citer aussi les majestueux *Lælia superbiens* (fig. 199), *Lælia crispa* (*Cattleya crispa*), *Lælia grandis*, etc., et en opposition les mignons *Lælia marginata* et *pumila*, que l'on range souvent parmi les *Cattleya*. Citons encore les *Lælia anceps, furfuracea, Perrini, maialis,* aux énormes fleurs roses, *autumnalis, peduncularis* et plusieurs autres de couleurs roses, blanches, pourprées; enfin les espèces à fleurs jaunes et orangées : *Lælia cinnabarina, flava, xanthina*. Il n'y a aucun *Lælia* qui ne mérite une place dans les collections.

Læliopsis Ldl. Vandées. Saint=Domingue. Ce petit genre fondé sur le *Læliopsis domingensis*, belle espèce à fleurs roses, est maintenant réuni aux *Lælia*. Serre tempérée:

Leochilus. Voir *Oncidium*.

Lepanthes Sw. Malaxidées. Antilles, etc. Miniatures épiphytes, s'élevant à peine à la taille d'un pouce; fleurs proportionnées. Ils ne sont plus cultivés.

Leptotes Ldl. Épidendrées. Brésil. Épiphytes pseudo-bulbeux. Feuilles charnues en forme de cornes, sillonnées. Fleurs par trois ou quatre au sommet des bulbes, moyennes, blanches, avec une grosse tache pourpre à la base. Toutes petites plantes très gentilles et très florifères. Serre tempérée ou tempérée-froide.

Fig. 198. — Lælia Jougheana.

Leucoglossum. Voir *Oncidium leucochilum*.

Limatodes Blume. Vandées. Indes orientales. Épiphytes pseudo-bulbeux, feuilles caduques. *Limatodes rosea*, seule espèce, à grandes fleurs d'hiver blanches et roses. Très recommandable. Serre tempérée.

Limodorum: Les espèces exotiques attribuées jadis à ce vieux genre ont été réparties entre les *Phajus*, les *Calanthe*, les *Angræcum*, les *Cymbidium*, etc.

Liparis L. Cl! Rich. Malaxidées. Terrestres. D'Europe, mais on a compris çà et là dans ce genre des espèces plus ou moins douteuses du Brésil, de l'Inde, de la Nouvelle-Hollande. etc. Toutes sont sans intérêt aucun pour les amateurs.

Lissochilus R. Br. Vandées. Le Cap, Afrique méridionale. Terrestres, pseudo-bulbeux. Voir chapitre X pour les

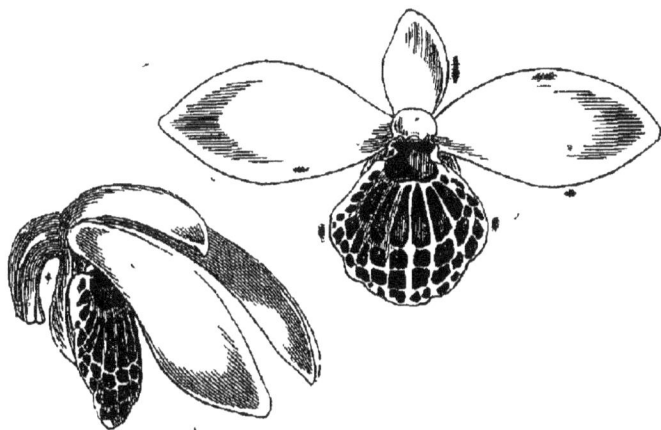

Fig. 200 et 201. — Luisia Psyche.

espèces du Cap. On cultive en serre chaude le grand et beau *Lissochilus Horsfalliæ*, terrestre aussi, de l'Afrique équatoriale.

Luddemannia. Synonyme de *Cychnoches Pescatorei*.

Luisia. Vandées. Inde. Tout petit genre qui se confond avec les *Vanda*. Serre chaude. *Luisia (Vanda) Alpina. Luisia Psyché* (fig. 200 et 201).

Lycaste Ldl. Vandées. Amérique intertropicale. Pseudo-bulbeux, épiphytes ou semi-terrestres. Feuilles membraneuses, grandes et souvent trop grandes en proportion des fleurs, mais celles-ci sont parfois très belles, comme dans le groupe du *Lycaste Skinneri* et de ses nombreuses variétés, toutes de premier ordre. Il faut noter aussi le *Lycaste Harrisoniæ*, très distingué, et même les *Lycaste cruenta, lanipes, costata*. Les *Lycaste* sont très robustes, très accommodants, et fleurissent abondamment cultivés en serre tempérée-froide. Les fleurs se conservent très longtemps.

Macradenia R. Br. Vandées. Inde. Sans intérêt pour l'horticulture. On ne les trouve plus.

Macrochilus. Voir *Miltonia spectabilis*.

Malaxis. Type européen de la tribu des Malaxidées. Plantes purement botaniques (fig. 202 à 206).

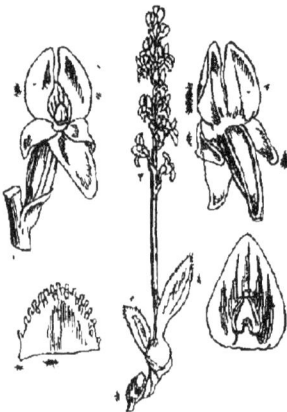

Fig. 202 à 206. — Malaxis paludosa.

Masdevallia Rz. et Pav. Vandées. Nouvelle-Grenade, Pérou, etc. Régions très élevées. Épiphytes ou semiterrestres. Charmantes miniatures alpines, très recherchées des amateurs ; port très compact, feuillage épais, charnu, très persistant, bien vert. Fleurs radicales à divisions extérieures soudées en casque, souvent avec de longs appendices. Quelques-uns n'ont que de petites fleurs peu apparentes, très bizarres, à teintes sombres, mais bon nombre ont des couleurs d'une grande richesse. Il y en a qui brillent par leur gentillesse, comme les *Masdevallia Estradæ, amabilis, melanopus, polysticha* (fig. 207 et 208)); etc. Le *Masdevallia macrura* est jusqu'ici le géant du genre. Les *Masdevallia Veitchii, Lindeni, Harryana, coccinea* (fig. 209), *ignea, amabilis*, à grandes fleurs solitaires, de couleurs éclatantes, sont des espèces hors ligne.

Culture en serre tempérée-froide, bien aérée, dans le sphagnum vivant, pur ou mêlé de tessons et de fragments de bruyère. Point trop d'ombrage, mais de l'eau à foison presque en toute saison.

Maxillaria Rz. et Pav. Vandées. Amérique intertropicale.

Épiphytes ou semi-terrestres. Pseudo-bulbeux. Encore un genre considérable que ne recommandent ni l'ampleur des inflorescences ni la beauté des couleurs. Ce sont d'ailleurs des plantes

Fig. 207 et 208. — Masdevallia polysticha (¹/₁ gr. nat.).

faciles à cultiver en serre tempérée-froide, fleurissant facilement, et dont plusieurs méritent une place dans les collections, surtout les *Maxillaria grandiflora, venusta, Turneri, luteo-alba, splendens, nigrescens* et quelques autres.

Megaclinium Ldl. Malaxidées. Le *Megaclinium falcatum* de Sierra Leone et deux ou trois autres ont disparu de nos cultures.

Mesospinidium Rchb. Vandées. Pérou. Régions alpines. Deux espèces, les *Mesospinidium sanguineum* et surtout *vulcanicum*, sont de gentilles petites plantes pseudo-bulbeuses et épiphytes qui donnent dans la serre tempérée-froide de longues grappes de fleurs roses. Voisins des *Odontoglossum*.

Microstylis. Voir *Anœctochilus*.

Miltonia Ldl. Vandées. Brésil, etc. Épiphytes et pseudobulbeux. Genre voisin des *Oncidium*. Le feuillage peu développé a une teinte jaunâtre, que des arrosements abondants en été font disparaître en partie. Les fleurs radicales, solitaires ou en grappes, grandes, de bonne forme et de couleurs vives ou très agréables, en font des plantes de grande valeur. Il n'y en a aucun qui ne soit bon, et leur culture en serre tempérée n'exige aucune attention spéciale.

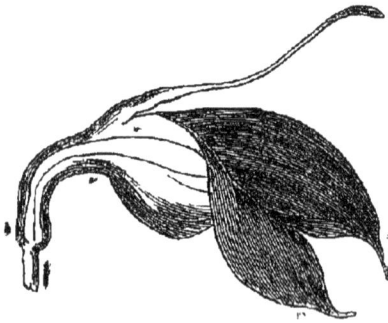

Fig. 209. — Masdevallia coccinea.

On peut aussi les tenir en serre tempérée-froide aux endroits les plus favorables. Les *Miltonia spectabilis* et *Moreliana* à grandes fleurs solitaires, le premier blanc, ou rose dans une variété, avec le labelle violet ou rose vif, le second à fleurs plus grandes et de teintes beaucoup plus foncées, très florifères l'un et l'autre, se distinguent nettement des espèces à fleurs en longues grappes comme *candida*, jaune, brun et blanc, *Regnelli*, blanc et rose, *Warscewitczii*, *cereola*, *radiata* et bien d'autres, qui sont des plantes de premier ordre.

Monacanthus. Voir *Catasetum* et le chapitre VI.

Mormodes Ldl. Vandées. Amérique intertropicale. Pseudobulbeux, épiphytes. Genre fort négligé, dont les fleurs sont plus bizarres que belles. Il y en a cependant de bons : *igneum*, *Buccinator*, *Cartoni*, *luxatum*, à fleurs jaunes variées, assez grandes. Culture facile en serre tempérée.

Myanthus. Voir *Catasetum* et le chapitre VI.

Nanodes Reich. Vandées. Andes péruviennes. Épiphytes. Le *Nanodes Medusæ* (fig. 210) est la seule espèce cultivée ; sans bulbes, tige érigée, courte, feuillée, portant au sommet deux ou trois fleurs grandes, d'une forme et d'un coloris hors ligne et des plus curieuses ; sépales et pétales verdâtres nuancés de

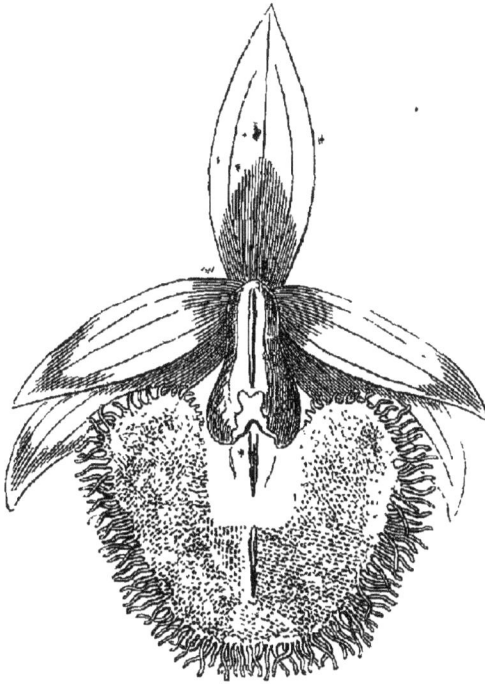

Fig. 210. — Nanodes Medusæ.

brun ; labelle très grand, d'un brun rougeâtre et garni d'une frange. Planté recherchée et encore rare. Serre tempérée-froide.

Nasonia Ldl. Pérou. Miniature épiphyte, haute d'un à deux pouces ; feuilles charnues, fleurs très petites, mais d'une couleur vive, orange et jaune. Presque toujours fleurie. Assez estimée. Serre tempérée-froide.

Neottia Jacq. Ce type de la tribu des Néottiées n'a donné à nos jardins presque rien qui mérite la culture. Les *Neottia*

Fig. 211. — Odontoglossum Ruckerianum.

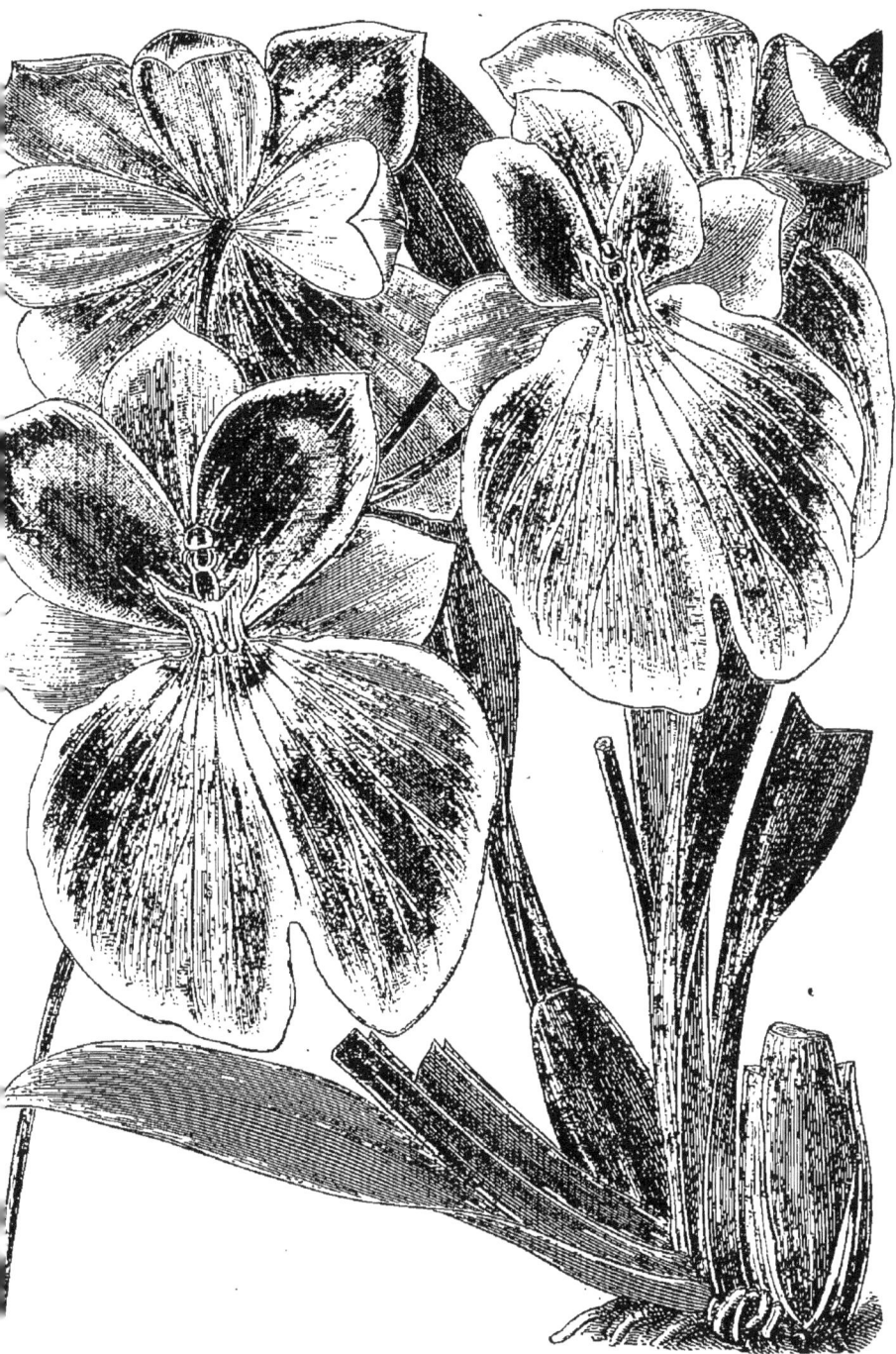

Fig. 212. — Odontoglossum vexillarium. (Gravure empruntée au *Gardeners' Chronicle*.)

sont terrestres et à petites fleurs ordinairement brunes ou verdâtres. On a séparé de ce genre le *Neottia speciosa* sous le nom,
de *Stenorynchus speciosus*. (Voir ce dernier plus loin.)

Nephelaphyllum. Voir *Anœctochilus*.

Notylia Ldl. Vandées. Amérique intertropicale. Petites épiphytes insignifiantes. Le *Notylia albida* à jolies fleurs blanches
est d'introduction récente.

Odontoglossum Humb. et Kth. Vandées. Amérique intertropicale. Pseudo-bulbeux et épiphytes. Orgueil de la culture
froide, le genre *Odontoglossum* ne le cède à aucun autre de la
famille. Parmi les cent espèces à peu près que l'on cultive en
Europe, il n'y en a presque pas qui ne soient au moins jolies, tandis
que l'élite du genre, par la richesse de sa floraison, l'ampleur,
l'éclat, la grâce ou l'élégance de ses inflorescences, ne le cède
pas même aux *Phalœnopsis* de l'Inde. Originaires des hautes
régions, entre 5000 et 10,000 pieds d'altitude (fig. 211), les
Odontoglossum n'aiment qu'une chaleur très modérée, un air pur
et souvent renouvelé, beaucoup d'eau et suffisamment de lumière.
Ils sont assez faciles dans ces conditions, et fleurissent régulièrement.

Il serait impossible, dans le peu d'espace dont nous disposons,
de donner une idée suffisante de toutes les formes que revêt ce
magnifique genre. Les figures coloriées ci-après et les dessins
répandus dans le texte n'en montrent qu'une bien faible partie.
Nous n'avons pu reproduire les types mexicains à fleurs blanches
variées de brun et de rose, depuis les miniatures à fleurs relativement très grandes, comme les *Odontoglossum Rossii, Ehrenbergii, membranaceum,* jusqu'au grand et brillant *nebulosum*
(fig. 213); ni le groupe si tranché et si distingué des *Odontoglossum grande, Insleayi* et *Schleipperianum ;* ni les *luteo-purpureum,*
type jaune maculé de brun, riche en rares et belles espèces: *Hallii,
Sceptrum, radiatum,* etc.; ni le groupe plus récent et superlativement beau des *Odontoglossum vexillarium* (fig. 212),

Rœzlii (fig. 214 et 215); *Warsceviczii, Phalænopsis;* ni les amples et brillantes panicules des *Odontoglossum Andersonianum, gloriosum, hastilabium, cirrhosum* (fig. 246); etc.; ni les charmants *nævium, roseum, miniatum, crocidipterum, angustatum, brevifolium, blandum* et une foule d'autres (fig. 247).

Oncidium Sw. Vandées. Amérique intertropicale et îles voisines. Épiphytes et pseudo-bulbeux. Très voisins du genre pré-

Fig. 213. — Odontoglossum nebulosum

cédent, avec lequel ils rivalisent souvent, les *Oncidium* se rencontrent depuis les terres chaudes jusqu'aux sommets des Andes. On en connaît environ deux cents espèces, dont beaucoup sont assez insignifiantes, mais les bons sont nombreux, et parmi les meilleurs il y a nombre de plantes très distinguées et de premier ordre. La forme des fleurs est très caractéristique ; mais les tiges et le feuillage varient à l'infini. Le jaune, presque toujours varié de brun ou de rouge, est la couleur dominante du genre, qui compte cependant des fleurs blanches, roses, rouges, etc. Généralement faciles et accommodants, et fleurissant avec abondance,

Fig. 214 et 215. — Odontoglossum Rœzlii.

ils demandent, les uns la serre chaude (*O. lanceanum, luridum, Sprucei*), les autres, en immense majorité, la serre tempérée ou tempérée-froide.

Plus nombreux de beaucoup que les *Odontoglossum*, les *Oncidium* occupent une aire infiniment plus étendue et la variété de leurs formes végétales est extrême. A côté de gazons com-

Fig. 216. — Odontoglossum chiliosum.

pacts à fleurs toutes mignonnes, on en voit s'élever à 2 ou 3 pieds, portant des hampes chargées de grandes fleurs et longues de 10, 12 et 15 pieds. Ici ce sont des feuilles presque herbacées et graminiformes, là d'énormes feuilles charnues, épaisses. Les uns ont des pseudo-bulbes volumineux, d'autres de très petits, d'autres absolument point. Les fleurs sont rarement solitaires, souvent en grappes et en panicules plus ou moins considérables. Elles sont plutôt moyennes que grandes ; cependant le splendide *Oncidium macranthum* (fig. 218) porte sur une hampe de plusieurs pieds de long des fleurs larges de 3 pouces, du coloris le plus distingué, fond jaune ombré de brun et labelle violet; l'*Oncidium serratum*, du même genre, plus singulier et moins beau; l'*Oncidium splendidum*, à grand labelle jaune clair; l'*Oncidium Rogersii (varicosum Rogersii)* (fig. 219), jaune aussi, sont parmi les géants du genre. Sous de moindres proportions on aime les *Oncidium ampliatum*, *Barkeri*, l'un des plus beaux et des plus florifères; *bifolium*, *Cavendishii*, *crispum* et surtout ses variétés,

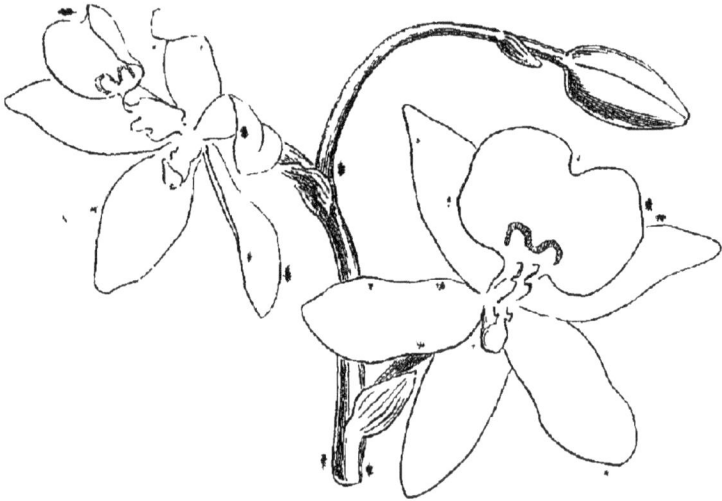

Fig. 217. — Odontoglossum Krameri.

flexuosum, *holochrysum*, *luridum* et variétés, *obryzatum*, *pulvinatum*, *reflexum*, *sarcodes*, etc., tous à fond jaune plus ou moins tacheté et ombré. Puis ceux à fond blanc, comme *Oncidium Phalænopsis*, *leucochilum*, *incurvum* et les grandes variétés du *cucullatum*; enfin des roses, des pourpres, le charmant *Oncidium ornithorhynchum*, *roseum*, *variegatum*, *acinaceum*, etc. N'oublions pas les *Oncidium Papilio* (fig. 220) et *Kramerianum* à grandes fleurs imitant des lépidoptères.

Onychium. Voir *Dendrobium*.

Ophrys. Genre d'Europe et d'Orient, type de la tribu des

Ophrydées. Plantes de plein air, très difficiles à cultiver et d'ailleurs sans aucun éclat.

Orchis. D'Europe, d'Orient, s'étendant au nord de l'Afrique,

Fig. 218. — Oncidium macranthum.

à Madère et même jusqu'à l'Amérique septentrionale. Les *Orchis* ont donné leur nom à toute la famille. (Voir pour d'autres détails au chapitre des Orchidées d'Europe.)

Ornithidium Salisb. Vandées. Amérique intertropicale. Petit genre d'épiphytes pseudo-bulbeux. Ce sont des plantes intéressantes à fleurs petites, brièvement pédicellées, groupées à l'aisselle

Fig. 219. — Oncidium varicosum Rogersii.

des feuilles supérieures. Elles sont rouges ou blanches. Peu d'effet. Culture très facile en serre tempérée ou tempérée-froide.

Ornithocephalus Hook. Vandées. Épiphytes. On a cultivé l'*Ornithocephalus fimbriatus*, de la Trinité.

L'*Ornithocephalus abortivus* est l'*Oncidium abortivum*.

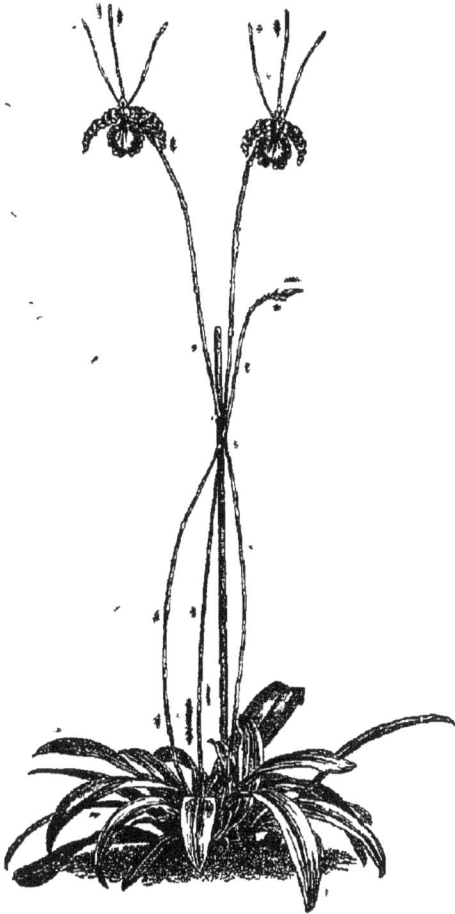

Fig. 220. — Oncidium Papilio.

Palumbina Rehb. Vandées. Guatemala. Épiphytes pseudo-bulbeux. Voisins des *Oncidium*, avec lesquels on les confond souvent. Le *Palumbina candida* (fig. 221) porte un épi terminal de fleurs charnues, d'un blanc pur, de très longue durée. Bonne plante de serre tempérée-froide.

Paphinia Ldl. Vandées. Amérique équatoriale. Epiphytes.

Ce genre, qui se distingue mal des *Houlletia* et des *Maxillaria,* est représenté dans nos serres par deux belles espèces : le *Paphinia cristata,* de Demerara, à épi de trois fleurs sortant de la base des pseudo-bulbes et pendant, d'un brun pourpre, à labelle blanc marqué de pourpre, et le *Paphinia tigrina,* à épi droit de fleurs jaunes et brunes. De la Trinité. Serre chaude.

Fig. 221. — Palumbina candida (Oncidium candid.).

Paradisianthus Rchb. *Paradisianthus bahiensis.* De serre chaude.

Paxtonia Ldl. Vandées. Manille. Le *Paxtonia rosea,* seule espèce, vraisemblablement disparue, est devenu pour M. Reichenbach un *Spathoglottis.* Très jolie plante à fleurs moyennes, en corymbe, d'un rose délicat. Serre tempérée-chaude.

Peristeria Hook. Vandées. Amérique équatoriale. Pseudo-bulbeux. Epiphytes confondus en partie avec les *Acineta*. Assez fortes plantes, à feuilles coriaces ; épis très longs de fleurs curieuses et belles, de couleur jaune où blanche, etc. On estime les *Peristeria. elata*, *guttata*, *Bruchmülleri*. Serre tempérée.

Pescatorea Rchb. Vandées. Amérique équatoriale. Épiphytes. Très belles plantes qui se confondent avec les *Huntleya*, les *Peristeria*, et surtout les *Zygopetalum*, parmi lesquels M. Reichenbach les range. Serre tempérée (fig. 222 et 223).

Phajus Lour. Épidendrées. Indes orientales, Chine. Grandes plantes terrestres, pseudo-bulbeuses. Feuillage ample et ornemental ; floraison facile en épis axillaires érigés ; fleurs d'un aspect imposant et de couleurs distinguées, mais un peu lourdes. Très dignes de culture. Serre tempérée. Soins des plus ordinaires. Tous plus ou moins bons. On en a détaché le genre *Thunia*.

Le vieux *Phajus grandifolius* de la Chine, l'une des Orchidées exotiques le plus anciennement cultivées, est une plante majestueuse, dont les feuilles atteignent de 2 à 3 pieds et les épis de fleurs un peu davantage. Ces fleurs sont grandes, nombreuses, brunes au dedans et blanches au dehors, avec un labelle blanc varié de brun carminé, etc. Il fleurit l'hiver et pour longtemps. Les *Phajus Wallichii*, *irroratus* (hybride) (fig. 224), *maculatus*, *bicolor*, *Blumei*, *cupreus*, etc., ont en général des couleurs plus vives.

Phalænopsis Blume. Vandées. Indes orientales, Philippines, etc. Régions chaudes. On ne possède qu'une douzaine de *Phalænopsis*, tous d'un mérite hors ligne. Ce sont des plantes peu élevées, sans pseudo-bulbes, à feuilles épaisses et souvent maculées de blanc. Leurs longues grappes axillaires peuvent porter jusqu'à quatre-vingts et cent fleurs. Ces fleurs sont d'une grande beauté (fig. 225) et de longue durée, de sorte que les plantes adultes fleurissent au moins la moitié de l'année. Leurs couleurs, blanches ou roses, sont on ne peut plus fraîches et déli-

Fig. 222 et 223. — Pescatorea Dayana. (Nous sommes redevable pour cette belle gravure à l'obligeance du savant Dr Masters.)

cates. Tous comptent parmi les plus séduisantes Orchidées, mais tous exigent le maximum de chaleur et d'humidité.

Nous donnons plus loin la figure de deux des plus beaux *Phalœnopsis*, mais réduites suivant les exigences de notre format. Il faudrait les citer tous. Le *Phalœnopsis amabilis* a des fleurs blanches à labelle strié rose vif, admirable ; le *Phalœnopsis amethystina* (fig. 226 et 227), moins brillant, a une grappe rameuse,

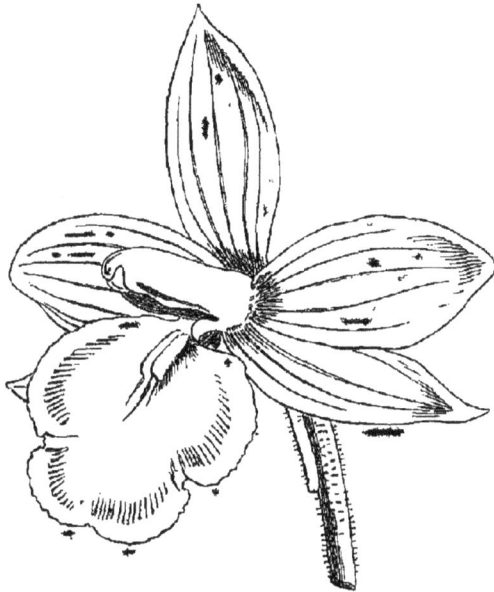

Fig. 224. — Phajus irroratus

blanche aussi, avec une belle tache améthyste au labelle ; le *Phalœnopsis intermedia,* fleurs blanches ombrées de rose ; le *Phalœnopsis Lowii,* également blanc rosé, labelle rose foncé et mauve, espèce délicate ; le *Phalœnopsis Luddemanniana,* fleurs blanches barrées et maculées de violet et d'améthyste, très belle espèce ; le *Phalœnopsis rosea,* petite, mais très gentille ; le *Phalœnopsis sumatrana,* sépales et pétales blanc-crème, largement barrés de brun rouge, labelle blanc strié d'orange et de violet. Très beau (fig. 228).

Pholidota. Voir *Cœlogyne.*

Physurus A. Rich. Néottiées. Brésil. Plantes terrestres et acaules du genre des *Anœctochilus*, ayant les mêmes mérites de feuillage et exigeant la même culture spéciale.

Pilumna. Petit genre aujourd'hui réuni aux *Trichopilia*, mais bien inférieur à ceux-ci.

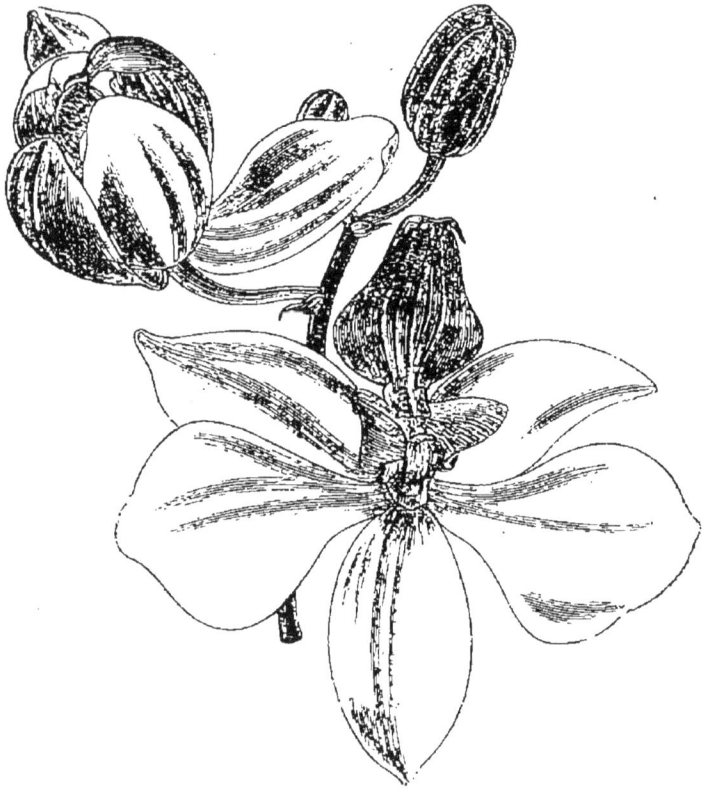

Fig. 225. — *Phalœnopsis Portei.*

Pleione (*Cœlogyne*) Ldl. Malaxidées. Nord de l'Inde. Terrestres. Genre détaché des *Cœlogyne*, composé de toutes petites plantes à pseudo-bulbes de forme bizarre, perdant leurs feuilles en hiver et fleurissant après la chute de ces dernières. Ces fleurs sont grandes, très jolies, le coloris peu commun, les dessins variés ; mais l'effet en est médiocre faute de feuillage et parce qu'elles viennent à fleur de terre. Elles méritent cependant une place dans les collections. Il leur faut un temps de repos avec peu d'eau jusqu'au moment où les boutons à fleurs se montrent. Serre tempérée-froide.

Pleurothallis R. Br. Malaxidées. Amérique tropicale, régions tempérées. Épiphytes à pseudo-bulbes. Il existe un grand nombre de *Pleurothallis*, dont plusieurs ont été cultivés dans les serres d'Europe, puis délaissés nonobstant leur gracieuse originalité. Leur très petite taille et l'exiguïté de leurs épis de fleurs ne compensaient pas suffisamment les soins un peu assidus qui leur sont nécessaires. Serre tempérée-froide.

Polycycnis Rchb. Amérique équatoriale. Genre détaché des *Cycnoches* : fleurs plus petites, curieuses et jolies. Ils se contentent de la serre tempérée-froide.

On cultive au moins trois espèces de ce genre : les *Polycycnis barbata, lepida, muscifera,* assez estimés, sans être de premier ordre.

Polystachya Hooker. Malaxidées. Afrique. Pseudo-bulbeux et épiphytes. La plupart sont insignifiants. On a cependant une jolie espèce florifère, à épis de fleurs jaunes lignées de pourpre, le *Polystachya pubescens (Epiphora pubescens)* du sud de l'Afrique est de serre tempérée-froide.

Preptanthe. Voir *Calanthe.*

Promenæa Ldl. Vandées. Brésil. Épiphytes et pseudo-bulbeux. Petit genre très proche allié des *Paphina,* etc., à fleurs sortant de la base des pseudo-bulbes et pendantes. On cultive les *Promenæa citrina, Rollisonii, stapelioides, xanthina,* plus curieuses et gentilles que bien remarquables. Serre tempérée.

Renanthera Lour. Vandées. Cochinchine, Moluques. Deux espèces, les *Renanthera coccinea* (fig. 229) et *Lowii.* Tiges cylindriques feuillées, longues dans le premier de 3 à 4 mètres, s'appuyant aux arbres. Les fleurs du premier sont axillaires au sommet des rameaux, en grandes panicules écarlate orangé, d'un bel effet.

Fig. 226 et 227. — Phalænopsis Amethystina.

Fig. 228. — Phalænopsis Schilleriana (¹/₄ gr. nat.)
Gravure tirée du *Gardeners' Chronicle*.

Avare de ces fleurs et exigeant, outre une grande chaleur, l'exposition au soleil, surtout dans la saison du repos. L'autre a déjà été mentionné au chapitre VI comme une des plus grandes curiosités de la famille ; son feuillage est ample et beau, et ses épis de fleurs prennent de 6 à 12 pieds de longueur. Même culture avec moins de soleil. Très rapprochés des *Vanda*.

On possède encore les *Renanthera bilinguis* et *matutina* (*moluccana?*), belles espèces de serre chaude.

Fig. 229. — Renanthera coccinea.

Restrepia Humb. et Kth. Malaxidées. Régions alpines de l'Amérique intertropicale. Épiphytes. Miniatures à petits pseudo-bulbes cylindriques surmontés d'une feuille charnue, à la base de laquelle naissent des épis de quelques fleurs, assez grandes relativement dans les *Restrepia elegans* et *antennifera*. Ces deux espèces, la seconde surtout, sont très originales, très florifères, de couleur jaune mêlé de blanc, de brun et de pourpre. Serre tempérée-froide. Voisins des *Pleurothallis*.

Rodriguezia. Voir *Oncidium* et *Odontoglossum*. Les *Rodriguezia* de Ruiz et Pavon constituaient un petit genre d'épiphytes de taille peu élevée ; le *Rodriguezia secunda*, à fleurs roses en

grappe, était la meilleure ; le *Rodriguezia planifolia* est synonyme du *Gomezia recurva*.

Saccolabium Blume. Vandées. Indes orientales. Port et
feuillage des *Aerides*, avec lesquels ils ont de grandes affinités,
et que les meilleurs surpassent même en beauté. Il y en a dont
les fleurs sont petites et d'un effet médiocre, mais celles que
l'on cultive généralement sont de nobles plantes, dont la pom-
peuse floraison, en longs épis très serrés, des teintes les plus
aimables, n'est surpassée par quelque espèce que ce soit. Tous,

Fig. 230. — Saccolabium guttatum (¹/₁₀ gr. nat.).

ou à peu près, exigent la culture des *Aerides* en serre très
chaude.

Le *Saccolabium ampullaceum*, de taille médiocre, a les épis
érigés et les fleurs rose foncé; le *Saccolabium bigibbum*, épis
courts et inclinés, fleurs jaunes à labelle blanc et jaune; *Saccolabium furcatum*, blanc et rose; *Saccolabium giganteum*, fleurs
blanches à labelle lilas, magnifique; *Saccolabium guttatum*
(fig. 230), à peu près mêmes teintes et non moins belle, etc. Les
figures coloriées qui sont ci-après donneront une idée de ce genre
hors ligne.

Sarcanthus Ldl. Vandées. Chine, etc. Épiphytes. Voisins

dès *Vanda*, dont ils imitent le port. De petite taille; feuilles ordinairement charnues et cylindriques; fleurs en cimes, intéressantes plutôt que belles. On cite quelques nouveautés fort agréables : *Sarcanthus Parishii, chrysomelas, erinaceus,* etc. De serre tempérée ou tempérée-froide.

Sarcochilus R. Br. Vandées. Nouvelle-Hollande, etc. Nous ne voyons plus indiquer, dans les collections, que le *Sarcochilus unguiculatus* du Japon, espèce intéressante de serre tempérée; le *Sarcochilus falcatus,* d'Australie, jaune et rouge.

Sarcoglottis. *Sarcoglottis speciosa,* voir *Stenorhynchus speciosus.*

Sarcopodium. Rchb. Voir *Bolbophyllum.* Les *Sarcopodium* sont de petites plantes simplement curieuses. On n'en cultive presque aucun.

Satyrium Swartz. Ophrydées. Du Cap. Terrestres. Le *Satyrium aureum,* très jolie espèce à épi de fleurs jaune orangé, se trouve encore dans quelques rares collections. On a introduit aussi le *Satyrium candidum* à fleurs blanc pur, éperonnées; les *Satyrium chrysostachyum* et *coriifolium,* à fleurs jaune et orange, toutes trois belles. Les *Satyrium* sont à tiges annuelles et de serre froide.

Scaphiglottis. Voir *Ornithidium.*

Schlimia Planch. et Lind. Vandées. Nouvelle-Grenade. On a une seule espèce de ce genre : le *Schlimia jasminodora,* très intéressante, portant une grappe inclinée de dix à quinze fleurs d'un blanc pur, odorantes. De serre tempérée.

Schomburgkia Ldl. Épidendrées. Épiphytes de l'Amérique équatoriale à très longs pseudo-bulbes, occupant beaucoup d'espace. Les épis de fleurs, qui sont très belles et de bon coloris, s'élèvent jusqu'à 5 pieds et n'en portent qu'un nombre restreint. Ces fleurs sont d'ailleurs difficiles à obtenir. Serre tempérée.

On cultive dans les grandes serres, de la même manière que les *Cattleya*, le *Schomburgkia crispa*, dont les épis terminaux s'élèvent jusqu'à 5 pieds, avec des fleurs jaunes et brunes; le *Schomburgkia Lyonsii*, presque aussi grand, à fleurs blanches marquées de pourpre et de jaune, et le *Schomburgkia tibicinis*, dont les tiges florales s'élèvent jusqu'à 5 pieds, avec d'assez grandes fleurs à pétales roses tachetés, labelle blanc et rose, la meilleure espèce du genre, sauf le nouveau *Schomburgkia gloriosa*.

Scuticaria Ldl. Vandées. Amérique équatoriale. Épiphytes. Pseudo-bulbeux. Feuilles cylindriques, charnues, fleurs en épis courts, peu nombreuses, mais belles et curieuses; le *Scuticaria Dodgsoni*, sépalés et pétales bruns, à taches jaunes, labelle blanc strié rosé et jaune; le *Scuticaria Steelii*, feuilles cylindriques d'un mètre de long, pendantes, fleurs jaunes tachetées de carmin; le *Scuticaria Hadweni* est dans le même genre. Bonnes plantes assez rares, de serre tempérée-chaude.

Selenipedium. On les considère comme une simple section du genre *Cypripedium*. Voir plus haut.

Sigmatostalix Rchb. *Sigmatostalix radicans*, de serre tempérée. Catalogue Linden.

Sobralia Ruiz et Pav. Aréthusées. Très distincts des autres genres, les *Sobralia* sont de grandes et parfois très grandes plantes terrestres, croissant en touffes feuillées dans toute leur hauteur, ressemblant à des roseaux; tiges minces, cylindriques, s'élevant dans certaines espèces jusqu'à 7 pieds, et terminées par des fleurs ordinairement très grandes et très belles, durant trois à cinq jours au plus, mais se succédant pendant quatre à six semaines. Ces fleurs sont roses, ou blanches, ou jaunes, énormes dans le *Sobralia macrantha*, et très belles. Les *Sobralia Ruckeri*, *dichotoma*, *Rœzlii*, sont aussi de très belles plantes: Demandent beaucoup d'espace, de grands pots; du reste, culture facile en serre tempérée où tempérée-froide.

Solenidium Ldl. Vandées. Épiphytes, voisins des *Oncidium*.

Le *Solenidium racemosum* de la Nouvelle-Grenade, introduit jadis par M. Linden, belle plante à grappe de fleurs jaune doré, maculées et rayées de brun, gynostème blanc, et de serre tempérée-froide, paraît avoir disparu de nos collections.

Sophronitis Ldl. Épidendrées. Brésil. Pseudo-bulbeux. Charmantes petites plantes à feuille charnue, de 1 à 3 pouces de long, croissant sur les rochers moussus. Le *Sophronitis cernua*, miniature à épis de petites fleurs écarlates, n'est que gentil; le *Sophronitis violacea* diffère des autres espèces par son feuillage et ses pseudo-bulbes. Jolies fleurs moyennes, violacées. Quant aux *Sophronitis grandiflora* et *coccinea*, qui ne sont peut-être que deux variétés d'un même type, ce sont de magnifiques plantes, à grandes fleurs très éclatantes, écarlate pur ou ombré de cramoisi, fleurissant à coup sûr chaque printemps et durant plusieurs semaines. Culture très facile en serre tempérée-froide, avec beaucoup d'eau en été.

Spathoglottis. Voir *Paxtonia*. Le reste du genre n'est pas cultivé.

Spiranthes. Voir *Anœctochilus*.

Stanhopea Hook. Vandées. Amérique intertropicale. Épiphytes. Feuilles grandes, membraneuses, solitaires au sommet des pseudo-bulbes. Les fleurs partent de la base et pendent directement sous la plante, en grappes de trois à neuf. Elles sont très grandes, de couleurs distinguées et de consistance cireuse, comme vernissées. Leur forme, comme leur mode de floraison, est des plus extraordinaires, et elles répandent des odeurs d'une énergie et d'une suavité remarquables. Ces nobles plantes, on ne peut plus faciles à cultiver et à multiplier, réclamant des corbeilles à larges treilles ou tout autre mode de plantation qui permette aux fleurs de sortir par la base, n'ont qu'un défaut : leurs fleurs passent très vite, après quatre à six jours au plus. Serre tempérée et même tempérée-froide pour quelques espèces.

Toutes les fleurs de *Stanhopea* sont plus ou moins belles, quelques-unes vraiment splendides, et cependant ce genre n'est point en faveur. La cause principale en est dans le peu de durée des fleurs, et peut-être aussi dans la très grande facilité de développement de ces belles plantes, qui finissent par exiger trop d'espace. On ne peut cependant se passer du magnifique *Stanhopea tigrina* à énormes fleurs jaunes avec de larges macules brunes, et de quelques autres comme *Devoniensis, Martiana, oculata, Wardi,* tous dans des teintes à peu près semblables, sauf *oculata,* qui est d'un jaune très-pâle, presque blanc, avec de simples points pourpres.

Il leur faut beaucoup d'eau à l'époque de la croissance, mais assez peu en hiver.

Stelis Sw. Malaxidées. Simplement curieuses, ces petites plantes, dont on a çà et là importé quelques espèces américaines, ne valent guère la culture.

Stenia Ldl. Vandées. Amérique équatoriale. Épiphytes. Genre voisin des *Warscewiczella.* Fleurs solitaires, radicales, jolies. Le *Stenia fimbriata,* jaune clair, dont toutes les divisions sont frangées, labelle pointillé de rouge; le *Stenia pallida,* plus pâles, pointillées de rouge.

Stenorhynchus Rich. (*Neottia* Jacq.). Néottiées. Terrestres, sans bulbes. *Stenorhynchus speciosus,* de la Jamaïque; feuilles radicales en rosette, épi de fleurs rouge pâle. Jolie et de culture facile en serre tempérée-froide.

Thunia (*Phajus*) Rchb. Épidendrées. Terrestres. Tiges cylindriques en faisceaux, feuilles caduques, fleurs terminales en épis courts et pauciflores, grandes, belles, blanches, pourpres, etc. Culture facile en serre tempérée ou même tempérée-froide. Repos après la floraison.

On en cultive surtout deux espèces du nord de l'Inde : le *Thunia alba,* à tiges droites et feuillées de deux pieds de haut, terminées par un épi court de fleurs blanc pur avec de jolis dessins pourpres au centre, et le *Thunia Bensoniæ*, à fleurs plus grandes, beau pourpre, blanches au fond. Les *Thunia* perdent leurs feuilles en hiver.

Trichocentrum Pœpp. Vandées. Brésil, Nouvelle-Grenade. Synonyme *Acoidium*. Épiphytes sans pseudo-bulbes. La plupart sans mérite. Les *Trichocentrum albo-purpureum* (fig. 231 et 232) et *tigrinum* sont cependant de bonnes plantes, dignes de soins. Elles ont des épis pendants de fleurs assez grandes, la première brun-cannelle et labelle blanc; la seconde à fleurs grandes, brun chocolat, labelle blanc et orange. Ces deux espèces, la première surtout, sont très rares.

Trichopilia Ldl. Vandées. Amérique équatoriale. Épiphytes pseudo-bulbeux, taille moyenne, bon feuillage, floraison facile et abondante. Les fleurs naissent de la base et s'étalent tout autour de la plante. Elles sont de forme curieuse, grandes, de couleurs vives en général, et fort jolies. Plantes dont on ne peut se passer, robustes, craignant seulement l'excès d'eau en hiver. Serre tempérée.

Nous figurons plus loin deux des plus belles espèces de ce genre. Elles donneront une idée suffisante de la beauté des *Trichopilia* vrais, dont le nombre s'élève, dans nos cultures, à une quinzaine au moins, et dont aucun n'est à dédaigner.

On a fondu dans le genre *Trichopilia* les *Pilumna* de Ldl., qui sont bien inférieurs en taille et en beauté. Le *Pilumna fragrans* est cependant une jolie plante à fleurs blanches odorantes; le *Pilumna nobilis*, même genre. Serre tempérée-froide.

Trigonidium Ldl. Vandées. Amérique intertropicale. On a importé trois ou quatre espèces de ce petit genre. Nous pensons qu'on ne les retrouverait plus.

Trichoceros Humb. et Kth. Malaxidées. Amérique tropicale. Genre de plantes très naines, épiphytes, pseudo-bulbeuses, feuilles très charnues, triquètres, fleurs brunes, curieuses, mais non belles. Serre tempérée-froide.

Uropedium Ldl. ·Cypripédiées. Amérique·équatoriale. Terrestres et sans pseudo-bulbes. L'*Uropedium Lindeni*, le seul
connu, est une belle et rare plante, différant des *Cypripedium*
en ce que le labelle, au lieu d'être en sabot, à la forme plane et
allongée des sépales et des pétales. Épi droit de deux ou trois
fleurs grandes, vert·jaunâtre varié de brun; à divisions terminées en très longues lanières comme chez le *Selenipedium caudatum*. Serre tempérée ; culture des *Cypripedium*.

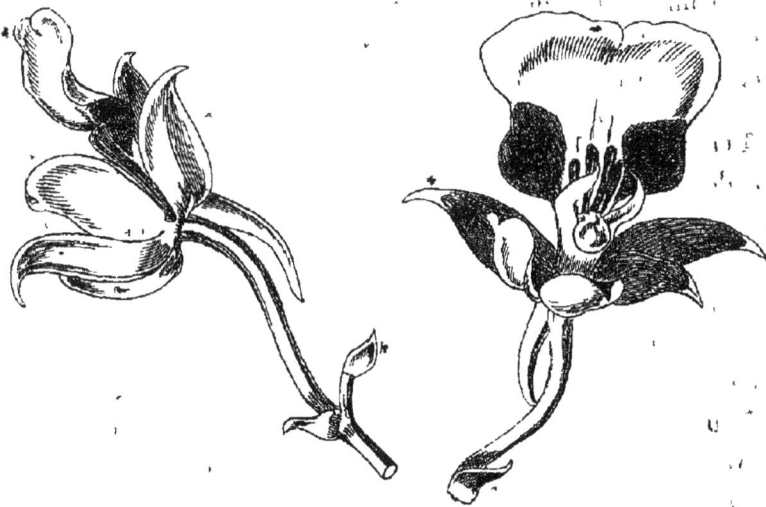

Fig. 231 et 232. — Trichocentrum albo-purpureum.

Vanda R. Br. ·Vandées. ·Indes orientales. Type d'une splendide tribu, ce genre forme, avec les *Aerides* et les *Saccolabium*, un groupe presque identique de forme, de port et de
mode de floraison. Les *Vanda* s'élèvent plus haut que les deux
autres genres, et leurs fleurs, moins serrées, ont en revanche
de plus grandes dimensions. Leur croissance est vigoureuse,
leur feuillage assez ample. Les fleurs, en épis axillaires érigés,
de consistance épaisse, sont grandes et magnifiquement colorées
dans la plupart des espèces. La floraison dure de un à trois
mois. Peu d'Orchidées rivalisent avec les *Vanda*, et aucune ne
les surpasse. Comme les autres du groupe, ce sont des plantes

de haute serre chaude ; mais, ainsi que les *Acrides*, quelques

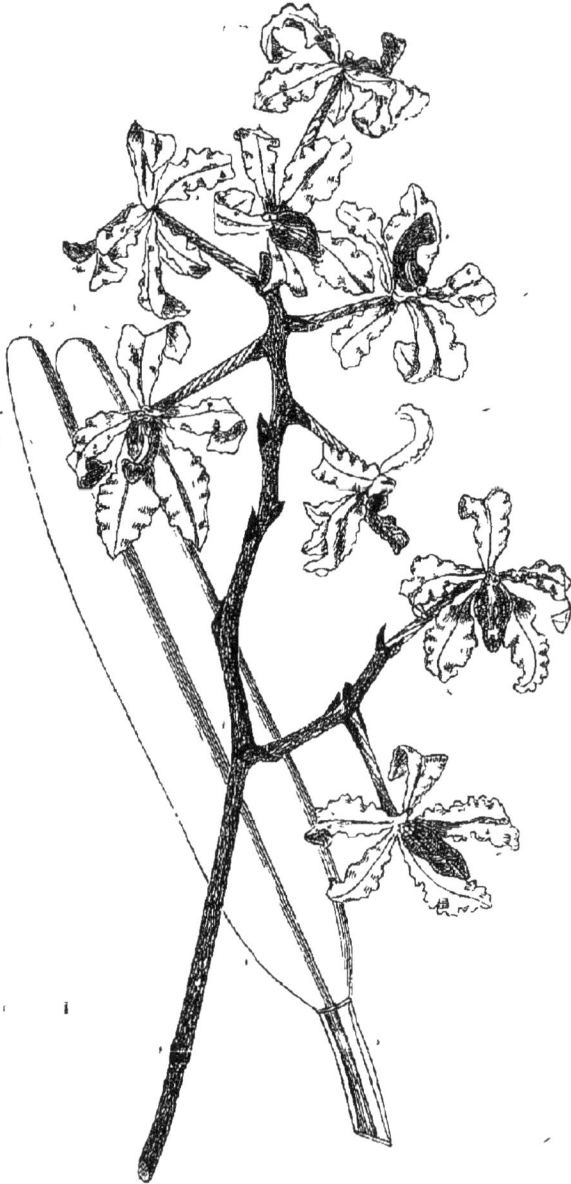

Fig. 233. — Vanda undulata.

espèces s'aventurent dans le nord de l'Inde, et celles-ci
(*V. cærulea, teres, Cathcarti, Jenkinsii, undulata*) (fig. 233),

non moins belles que les autres, se contentent d'une bonne serre tempérée.

Nous avons donné une assez large place aux *Vanda* dans nos planches coloriées, pour être dispensé d'entrer dans de grands détails sur leurs formes végétatives et sur les caractères de leur floraison. Tous cependant ne sont pas de cette importance, et quelques-uns offrent des colorations très différentes. Le *Vanda Cathcarti*, par exemple, a des épis pendants de quatre ou cinq grandes fleurs brunes traversées de larges bandes jaunes ; le *Vanda cærulescens* (fig. 234 à 236) se rapproche du *Vanda cærulea*, avec des fleurs plus petites, plus nombreuses, remarquables également par leurs teintes bleues ou bleuâtres ; le *Vanda Denisoniana*, rare et belle espèce, est à fleurs entièrement blanches ; le *Vanda teres*, très distinct, a des feuilles cylindriques et des fleurs rouges et jaunes, fort belles, mais assez difficiles à obtenir.

Tous les *Vanda* ne sont cependant pas des plantes de premier ordre. Il y en a dont les fleurs sont petites et de peu d'effet, d'autres sont unicolores et dans des tons bruns ou jaunes. Ces espèces sont d'ailleurs à peu près inconnues dans les collections.

Vanilla Plum. Aréthusées. Amérique équatoriale, Asie. Lianes à tiges vertes, minces, articulées, radicantes, prenantes. Joli feuillage charnu dans les espèces américaines, mais totalement absent dans celles d'Asie. En revanche le *Vanilla phalænopsis* a de grandes et très belles fleurs, tandis que la floraison des espèces d'Amérique est sans éclat. Ce sont ces dernières qui donnent la vanille du commerce, et les gousses qu'on en obtient dans nos serres, par fécondation artificielle, ont tout leur parfum.

Nous figurons plus loin le *Vanilla phalænopsis*, la plus recommandable du genre au point de vue ornemental. Outre les *Vanilla aromatica* et *planifolia*, que l'on tient à titre de plantes utiles, on a encore les *Vanilla amaryllidifolia* et *angustifolia*, autres espèces américaines, dont les fleurs offrent plus d'intérêt.

Les Vanilles sont de serre chaude.

'Fig. 284 à 296. — Vanda cærulescens. (D'après le *Gardeners' Chronicle*.)

Warrea Ldl. Vandées. Colombie, Brésil. Épiphytes pseudo-
bulbeux. Joli petit genre, rapproché des *Zygopetalum*. Taille
moyenne ; fleurs d'été très agréables, fond blanc varié de
pourpre ou de brun, très frais. Culture ordinaire en serre

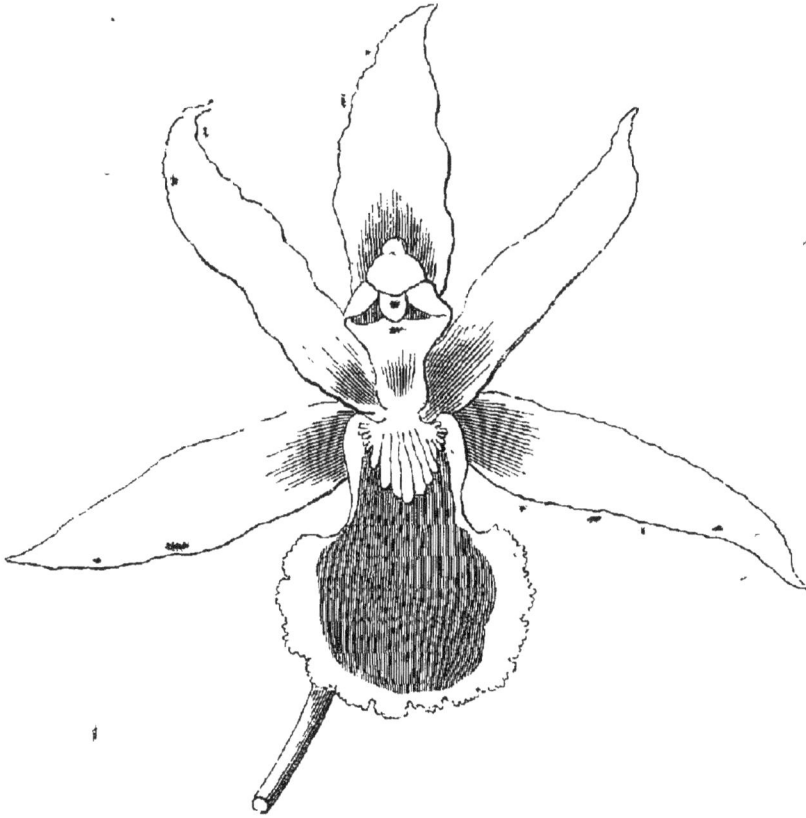

Fig. 237. — Zygopetalum aromaticum.

tempérée. *Warrea cyanea* a les fleurs blanches marquées d'une
tache pourpre bleuâtre. Le *Warrea tricolor* porte des épis érigés
de fleurs également blanches, sauf des taches de pourpre et de
jaune au labelle. On a encore dans le même genre le *Warrea
Lindeniana*, non moins beau. Les *Warrea* demandent la chaleur de la serre tempérée. Leur culture exige des soins.

Warscewiczella Rchb. Amérique équatoriale. Épiphytes,
sans bulbes. Genre très-voisin du précédent, fleurs épaisses, de

coloris très agréable. Même culture, avec un peu plus de chaleur. Plusieurs très-bonnes espèces, telles que *Warscewiczella
discolor, marginata, candida, quadrata, Wailesiana,* toutes assez
rares jusqu'ici.

Xylobium: Voir *Epidendrum.*

Zygopetalum Hook. Vandées. Brésil, etc. Pseudo-bulbeux.
Épiphytes semi-terrestres, de bonne taille, robustes, fleurissant
aisément et pour longtemps, principalement en hiver. Belles et
grandes fleurs, très curieuses, en grappes radicales droites. Les
sépales et pétales sont presque toujours verts barrés de brun ;
le labelle offre, en contraste, des couleurs gaies, notamment le
bleu violacé ou le pourpre sur fond blanc. Serre tempérée,
même tempérée-froide pour quelques-uns. Culture très facile,
pots larges, bons arrosements. Tous sont dignes d'une place
dans les serres (fig. 237).

On compte dans les cultures une dizaine d'espèces du genre
Zygopetalum, considéré dans ses anciennes limites; mais comme
nous l'avons vu, il s'est agrandi, depuis les réformes de
M. Reichenbach, de plusieurs genres que nous avons dû considérer chacun à part, pour que nos lecteurs ne soient pas exposés
à de regrettables méprises en consultant les catalogues du commerce.

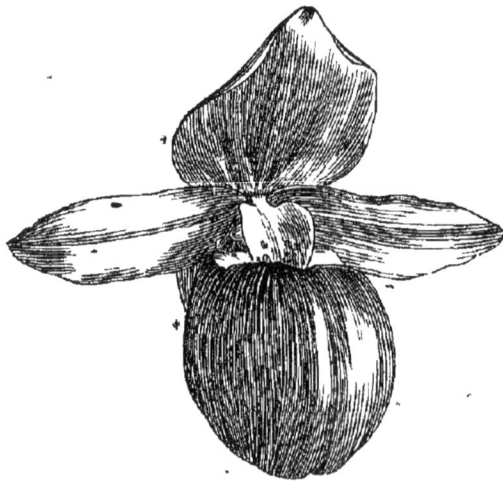

TROISIÈME PARTIE

DESCRIPTION

DES

50 CHROMO

Pl. I. — ADA AURANTIACA Lindley.

I nous avons compris dans notre iconographie cette espèce unique du genre *Ada*,
ce n'est pas seulement parce que ses dimensions sont mieux appropriées que celles
de bien d'autres à notre format. Elle a des
titres plus réels à notre préférence. C'est une
plante de taille moyenne, tenant peu de place,
parce que sa végétation est compacte. Elle
est assez robuste et ne demande pas plus de
soins que les *Odontoglossum*, auprès desquels
il faut la cultiver en serre tempérée-froide,
c'est-à-dire avec un minimum de chaleur, dans les nuits d'hiver,
de 6 à 7 degrés centigrades. Elle supporte même un degré ou
deux de moins, mais pour cette espèce comme pour toutes les
autres de la même altitude il ne faut pas permettre que les plus
basses températures se prolongent au delà de quelques heures.
On n'oubliera pas non plus que dans le jour la chaleur doit être
constamment plus grande que la nuit, et jamais inférieure à 8
ou 10 degrés, sans dépasser 12 à 15 degrés sinon par l'action
du soleil.

De bons arrosements, même en hiver, mais surtout abondants
dans les chaleurs; de l'air chaque fois que la température le permet et une ombre modérée feront prospérer cette jolie plante.

16

On peut la cultiver dans du sphagnum pur, avec un très fort drainage.

L'*Ada aurantiaca* fleurit facilement; la forme de ses fleurs est particulière à ce genre, et leur coloris n'est pas non plus commun. Elles viennent en grappe et durent très longtemps.

PL.1.___ ADA AURANTIACA. (G.n.)

PL. II. — AERIDES AFFINE WALL.

Originaire du Sylhet, dans le nord de l'Inde, bien au delà du tropique, cette magnifique espèce, cultivée depuis 1837, n'exige pas la chaleur nécessaire aux Orchidées indiennes en général. Non seulement elle prospère dans une serre chaude ordinaire, où la température des nuits d'hiver peut descendre au dessous de 15 degrés centigrades, mais on la cultive même dans une simple serre tempérée (10 à 12 degrés), ainsi que les *Aerides crispum* et *Fieldingii*.

L'*Aerides affine* s'élève à 2 ou 3 pieds. Ses tiges sont droites, garnies de feuilles opposées longues d'un pied. Il fleurit très facilement, et ses grappes de fleurs sont parfois longues de deux pieds. Il fleurit au commencement de l'été et pendant environ un mois.

Il a une variété, *Aerides affine superbum*, supérieure au type par la dimension et la richesse de coloris de ses fleurs.

On cultive les *Aerides* en pots ou en corbeilles à jour faites de rondelles de bois brut ou tout aussi bien de bois scié. En pots, il faut remplir les trois quarts environ du vase avec des tessons ou des pierrailles. Le reste se remplit de sphagnum haché grossièrement et mêlé de tessons et de charbon de bois. Il ne faut pas trop tasser ce mélange.

Il faut aux *Aerides* de larges arrosements pendant la bonne saison, et même en hiver on ne les tiendra jamais secs, mais on évitera, en hiver, de mouiller les feuilles et surtout de laisser séjourner de l'eau au cœur des jeunes pousses.

Nous donnons d'autres instructions sur cette culture spéciale en décrivant les autres espèces du genre figurées ci-après.

Les *Aerides* ont généralement des odeurs très suaves.

PL. II.— ÆRIDES AFFINE. (½ G.)

Pl. III. — AERIDES FIELDINGII Lindley.

De même taille à peu près que l'espèce précédemment décrite, avec les feuilles un peu moins longues, l'*Aerides Fieldingii*, originaire aussi de l'Inde, la dépasse encore en beauté. Ses grappes de fleurs sont plus longues et se ramifient de manière à présenter un splendide ensemble, dont les délicates nuances blanches et roses relèvent encore la beauté.

L'*Aerides Fieldingii* fleurit au commencement de l'été, et ses fleurs durent trois ou quatre semaines.

Les *Aerides* sont souvent attaqués par les insectes, surtout par une petite espèce de kermès, dont il faut se hâter de les débarrasser par de fréquents lavages à l'eau tiède et au savon noir. Il ne faut pas perdre de vue que la multiplication de ces parasites est toujours due à une chaleur trop élevée et surtout trop sèche. La fréquence des seringages, durant toute la bonne saison, est un moyen préventif à peu près sûr.

L'*Aerides Fieldingii* a plusieurs variétés, toutes estimées.

PL. III.— ÆRIDES FIELDINGii. (½ G.)

Pl. IV. — AERIDES VEITCHII Lindley.

Cette troisième espèce d'*Aerides* est beaucoup plus rare que les deux autres, et son prix est encore très élevé. On la rapporte quelquefois à l'*Aerides Boothii*, dont elle ne serait qu'une variété très supérieure à l'espèce. Quoi qu'il en soit, c'est une charmante plante, dont le feuillage est un peu tacheté et dont les fleurs ont une forme gracieuse autant que distincte.

L'*Aerides Veitchii* fleurit en juin et pendant trois semaines. Il exige la serre chaude indienne (18 degrés au plus bas en hiver).

La multiplication des *Aerides* est lente. Elle ne peut se faire qu'au moyen de ramifications qui se produisent de loin en loin et que l'on bouture, ou des rejetons qui sortent parfois de la base. Dans le commerce on doit aller plus loin et découper les tiges en autant de fragments qu'on en peut faire ayant au moins une racine. Quelques espèces, où ces racines aériennes viennent en abondance, sont faciles à reproduire et n'ont qu'un prix peu élevé, quoique aussi belles que d'autres; telles sont : *Aerides odoratum, crispum, affine*, etc.; mais il y en a beaucoup qu'il faut attendre longtemps et qui seraient d'une rareté excessive sans les importations qui viennent y suppléer de temps en temps.

PL. IV.— ÆRIDES VEITCHII. (½ G.)

PL. V. — ANSELLIA AFRICANA LINDLEY.

On ne possède, pensons-nous, qu'une seule espèce du genre : *Ansellia africana,* mais celle-ci a deux variétés très distinctes.

Le type est originaire de Fernando-Pô et de Sierra Leone, et peut être considéré comme une des espèces les plus élégantes de la flore tropicale africaine, assez peu riche d'ailleurs en belles Orchidées. La plante peut s'élever jusqu'à 1 mètre ; elle fleurit facilement, et ses longs épis de fleurs ont une grande durée. Ils sont gracieusement inclinés, se ramifient quand la plante est forte et peuvent alors porter jusqu'à une centaine de fleurs, dont, avec les précautions connues, c'est-à-dire température un peu basse et atmosphère sèche, on peut prolonger la durée jusqu'à deux mois. Les *Ansellia* ont encore un mérite, celui de fleurir en hiver.

L'*Ansellia africana gigantea* est une riche variété, à épis terminaux érigés, de même couleur que l'espèce, et ayant d'ailleurs les mêmes qualités.

L'*Ansellia africana lutea* a une origine plus méridionale ; on le trouve à Natal, vers le 30e degré de latitude et, par conséquent, sous un climat assez tempéré. Il n'a pas d'aussi fortes proportions que les autres variétés, dont il présente d'ailleurs le port et l'apparence, et ses fleurs sont d'un jaune clair. C'est également une bonne plante, jusqu'ici très-rare.

Les deux premiers, à raison de leur origine, demandent la serre chaude et la culture ordinaire des épiphytes. Le troisième se contenterait sans doute d'une serre tempérée.

PL. V — ANSELLIA AFRICANA. (²/3.G.)

PL. VI. — BARKERIA SKINNERI SUPERBA LINDLEY.

Beaucoup plus robuste et de plus haute taille que l'espèce à laquelle il appartient, plus riche aussi en couleurs, ce *Barkeria*, originaire de Guatemala, est certainement une des belles productions de cette contrée si féconde en Orchidées de premier mérite. Il s'élève à 1 pied et se couronne d'un épi de fleurs haut lui-même de 12 à 15 pouces.

Les *Barkeria* perdent leurs feuilles après la pousse achevée et aoûtée. On doit leur donner très peu d'eau en hiver. En revanche ils en demandent en abondance lorsqu'ils sont en végétation. La serre tempérée-froide leur convient parfaitement dans la bonne saison, avec renouvellement d'air fréquent. En hiver il vaut mieux les tenir à l'éndroit le plus chaud de cette serre. Ils ne tiennent pas grande place, fleurissent facilement, et se cultivent très bien sur bois, sans interposition de mousse. Leurs racines flottent dans l'air. On les cultive avec moins de peine dans des corbeilles qui se suspendent près des vitres, et qu'on plonge dans l'eau deux fois au moins par jour dans les chaleurs.

Tous les *Barkeria* que nous avons sont de bonnes plantes qui ont droit à une place dans toutes les collections.

PL.VI.—BARKERIA SKINNERI SUPERBA. (G.n.)

PL. VII. — CATTLEYA DOWIANA Batem.

Ne pouvant donner place, dans cette iconographie, qu'à un petit nombre d'espèces du même genre, nous avons choisi tout d'abord le *Cattleya Dowiana*, comme l'un des plus remarquables et de ceux qui peuvent le mieux donner une idée des splendeurs de ce genre hors ligne. Il est originaire de Costa-Rica, dans l'Amérique centrale, et son introduction ne remonte qu'à 1864. Il se rapproche, pour l'ensemble de ses formes, du type *labiata*, auquel il appartient peut-être, comme tant d'autres que l'on considère comme espèces et qui ne seraient que des variétés, les *Cattleya Mossiæ, Trianæ, Warscewiczii*, etc.

Ce qui distingue pour les yeux notre espèce, c'est la couleur jaune des pétales et des sépales, alliés à un large labelle pourpre strié de jaune d'or. Le jaune, très fréquent parmi les Orchidées, surtout dans certains genres où il domine absolument, comme dans les *Oncidium*, est en revanche assez rare dans les *Cattleya*. Ici ce sont les teintes roses, pourpres, blanches, qui l'emportent.

La culture des *Cattleya* n'a rien de difficile. Presque tous sont des plantes robustes, poussant vigoureusement sous un traitement rationnel et fleurissant avec facilité. Comme ils occupent assez de place, on les plante lorsqu'ils deviennent forts dans de larges terrines, bien drainées, que l'on remplit bien au-dessus du bord, avec des morceaux de gazon de bruyère. Ils doivent être élevés au sommet, jamais trop enterrés. On les arrose amplement dans la saison où ils végètent et fleurissent, mais en hiver et quand ils sont en repos, les arrosements doivent être très rares.

Une bonne serre tempérée est ce qui convient à presque tout le genre, non qu'ils ne puissent supporter la plupart un assez notable abaissement de température, mais la continuation du froid, surtout si le pied de la plante est dans l'humidité, leur serait fatale.

PL. VII.___ CATTLEYA DOWIANA. (⅔ G.)

Pl. VIII. — CATTLEYA ELDORADO Lindley.

Originaire de la vallée du Rio-Negro, ce *Cattleya* est d'introduction assez récente. La plante ne prend pas un bien grand développement, mais la fleur a de belles proportions. L'époque de la floraison est vers la fin de l'été ou au commencement de l'automne.

Le *Cattleya Eldorado* a une variété de même origine, *Cattleya Eldorado splendens*, qui lui est de beaucoup supérieure, plus riche en couleurs, avec le labelle denté et bordé d'un beau violet.

Les *Cattleya* sont sujets aux attaques des parasites de serre et surtout des cochenilles et des kermès. Il faut surveiller de près leurs tiges et leur feuillage, et les débarrasser de leurs ennemis avant qu'ils aient fait leurs ravages. Ce sont toujours les lavages à l'eau tiède avec un peu de savon noir qui réussissent le mieux quand on ne peut les détruire avec la main ou avec un bâton pointu. Comme préservatif il ne faut cesser de recommander, durant toute la bonne saison, une chaleur modérée, de l'ombre à suffisance, et des seringuages aussi fréquents que possible. L'eau est le poison de tous ces parasites.

La multiplication des *Cattleya* n'a rien de difficile, mais elle est lente. Quand on a de fortes touffées, il suffit de les diviser en laissant à chacune des parties une jeune pousse; mais ce moyen élémentaire ne suffit pas. Pour obtenir plusieurs pousses à la fois, il est nécessaire de pratiquer de loin en loin la section du rhizome, soit d'un seul coup, soit en deux ou trois fois, en entamant d'abord la moitié, puis trois quarts de l'épaisseur. Il doit toujours rester avec la jeune pousse au moins deux tiges plus anciennes. Il est rare que cette opération ne détermine pas le développement de bourgeons latents sur les vieilles tiges. C'est souvent le seul moyen de former de beaux exemplaires.

PL. VIII.— CATTLEYA ELDORADO. (½ G.)

Pl. IX. — CATTLEYA GUTTATA LEOPOLDI Hort.

Dédié au roi des Belges Léopold Ier, qui était un amateur et un connaisseur très éclairé, ce beau *Cattleya* brésilien, qu'on a d'abord considéré comme une espèce nouvelle, mais qui paraît bien appartenir au *Cattleya guttata*, se distingue nettement des espèces précédemment figurées. Il prend un assez grand développement. Ses fleurs ne sont pas de première grandeur, mais viennent d'ordinaire au nombre d'une dizaine sur une seule grappe, et l'on en a vu qui, par une culture soignée, arrivaient à en porter vingt et jusqu'à trente. A ce degré de développement c'est vraiment une plante magnifique.

Le *Cattleya guttata Leopoldi* fleurit facilement, et sa culture n'offre aucune difficulté spéciale. Il ne demande pas beaucoup de chaleur.

Nous ne pouvions songer à reproduire ici quelques *Cattleya* nouveaux, comme le *Cattleya Gigas* à fleurs de 20 à 25 centimètres de diamètre, magnifique à tous égards, ni le beau *quadricolor*, ni les *chocoensis*, d'une forme si remarquable, ni les nouveaux hybrides, comme *exoniensis, Doweiana, Brabantiæ, Devoniana, quinquecolor*, etc., d'un prix encore très élevé. Pour représenter le genre dans toutes ses transformations, il nous eût fallu montrer, d'autre part, les vieilles et toujours jolies espèces, la plupart brésiliennes : *amethystina, Loddigesii, intermedia, Skinneri*, puis les nains du genre, nains par leurs tiges et par leurs feuilles, mais à grandes et brillantes fleurs : *Aclandiæ, citrina, marginata, pumila, Schilleriana, Walkeriana*. Nous en passons, et en grand nombre, car dans ce beau genre tout à peu près mériterait d'être cité.

PL. IX.— CATTLEYA GUTTATA LÉOPOLDI. (½ G.)

Pl. X. — CYPRIPEDIUM CAUDATUM Lindley.

Les *Cypripedium caudatum, carycinum (Pearcii)* et *Schlimii*, avaient été séparés du genre par M. Reichenbach et ont constitué pour un temps le genre *Selenipedium*, abandonné depuis.

Originaire du Pérou (Chiriqui); le *Cypripedium caudatum* est certainement une des plantes les plus curieuses et les plus extraordinaires que l'on connaisse. Sa taille n'est pas élevée, ses feuilles n'ont guère qu'un pied de longueur, et la grappe de trois ou quatre fleurs qui en sort ne s'élève pas au double. Ses fleurs sont grandes et d'un coloris sinon brillant, au moins très distingué. Ce qui donne à cette plante un aspect des plus étranges, ce sont les deux pétales qui pendent en rubans colorés et qui continuent à croître après l'expansion de la fleur, jusqu'à ce qu'ils aient atteint une longueur presque double de celle de toute la plante.

Cette espèce, éminemment distinguée et recherchée de tous les amateurs, n'est pas d'une culture plus difficile qu'une autre et s'accommode du traitement des *Cypripedium* en général. On conseille de tenir son pot couvert de sphagnum vivant. On le cultive communément en serre tempérée, et il ne paraît pas bien sensible au froid. Ses fleurs durent longtemps.

Le *Cypripedium caudatum* a dans nos cultures une variété, le *Cypripedium caudatum roseum*, qui en diffère peu, sauf que ses couleurs sont un peu plus gaies. On la dit encore moins sensible au froid et pouvant se cultiver en serre tempérée-froide.

Nous figurons plus loin une autre espèce très différente du groupe des *Selenipedium*. Les autres sont aussi des plantes très curieuses, très élégantes, mais néanmoins bien inférieures au *Cypripedium caudatum*.

PL. X ——— CYPRIPEDIUM CAUDATUM. (½ C.)

Pl. XI. — CYPRIPEDIUM LOWII Lindley.

Nous voici maintenant en présence d'une espèce asiatique, croissant presque sous l'équateur, dans les jungles de l'île de Bornéo. Sa fleur n'a pas l'étrangeté de celles des *Selenipedium* d'Amérique, mais elle est fort belle, et offre cette particularité que, tout en se rapprochant des espèces uniflores de l'Archipel et du continent indien, elle porte une grappe de plusieurs fleurs; et cette autre, qu'au lieu d'être terrestre comme ses congénères, elle vit en épiphyte sur les grands arbres.

Cette espèce est robuste, florifère, et, nonobstant son origine équatoriale, ne demande pas plus de chaleur que les autres. On affirme même qu'elle peut se cultiver dans la partie la plus chaude d'une serre tempérée-froide. Nous croyons toutefois qu'on ne s'entend pas bien sur ce qu'il faut de chaleur à cette dernière serre, et qu'il sera prudent, pour cette espèce comme pour la précédente, de ne pas les exposer à des températures inférieures à 8 ou 10 degrés centigrades, au moins en hiver et à l'époque de la pousse. Quand elles sont fleuries et qu'on veut les conserver très longtemps, on les portera, comme nous l'avons déjà dit ailleurs, dans un lieu plus frais et plus sec. Les fleurs du *Cypripedium Lowii* y dureront de deux à trois mois.

Les *Cypripedium* se multiplient aisément par division des pieds. On en a obtenu en Europe des variétés et des hybrides surtout d'un grand mérite, tels que *Dominianum*, par *caricinum* × *caudatum* et *Sedeni*, qu'on verra figuré plus loin.

PL. XI.— CYPRIPEDIUM LOWII. (⅓ G.)

Pl. XII. — CYPRIPEDIUM SCHLIMII Hooker.

Cette charmante espèce, originaire d'Ocana, dans la Nouvelle-
Grenade, à une altitude de 4 à 5000 pieds, est, comme tous les
Cypripedium de l'Amérique méridionale, fort distincte des espèces
asiatiques ou de l'hémisphère nord. Ses grappes de fleurs en
donnent jusqu'à huit à la fois qui s'épanouissent successivement par deux ou trois ensemble et leur coloris est des plus
agréables.

On a trouvé cette espèce difficile à cultiver et elle est toujours
assez rare. M. Williams croit reconnaître à certains indices
qu'elle croît naturellement au bord de ruisseaux sujets à des
débordements, et que les insuccès de quelques cultivateurs sont
dûs à ce qu'elle n'était pas assez amplement arrosée. On la plante
dans le compost ordinaire et surtout on soigne le drainage, qui
doit être d'autant meilleur que l'on arrose davantage.

Il y a une variété : *Cypripedium Schlimii album*.

On fera bien de tenir ce *Cypripedium* dans la serre tempérée.

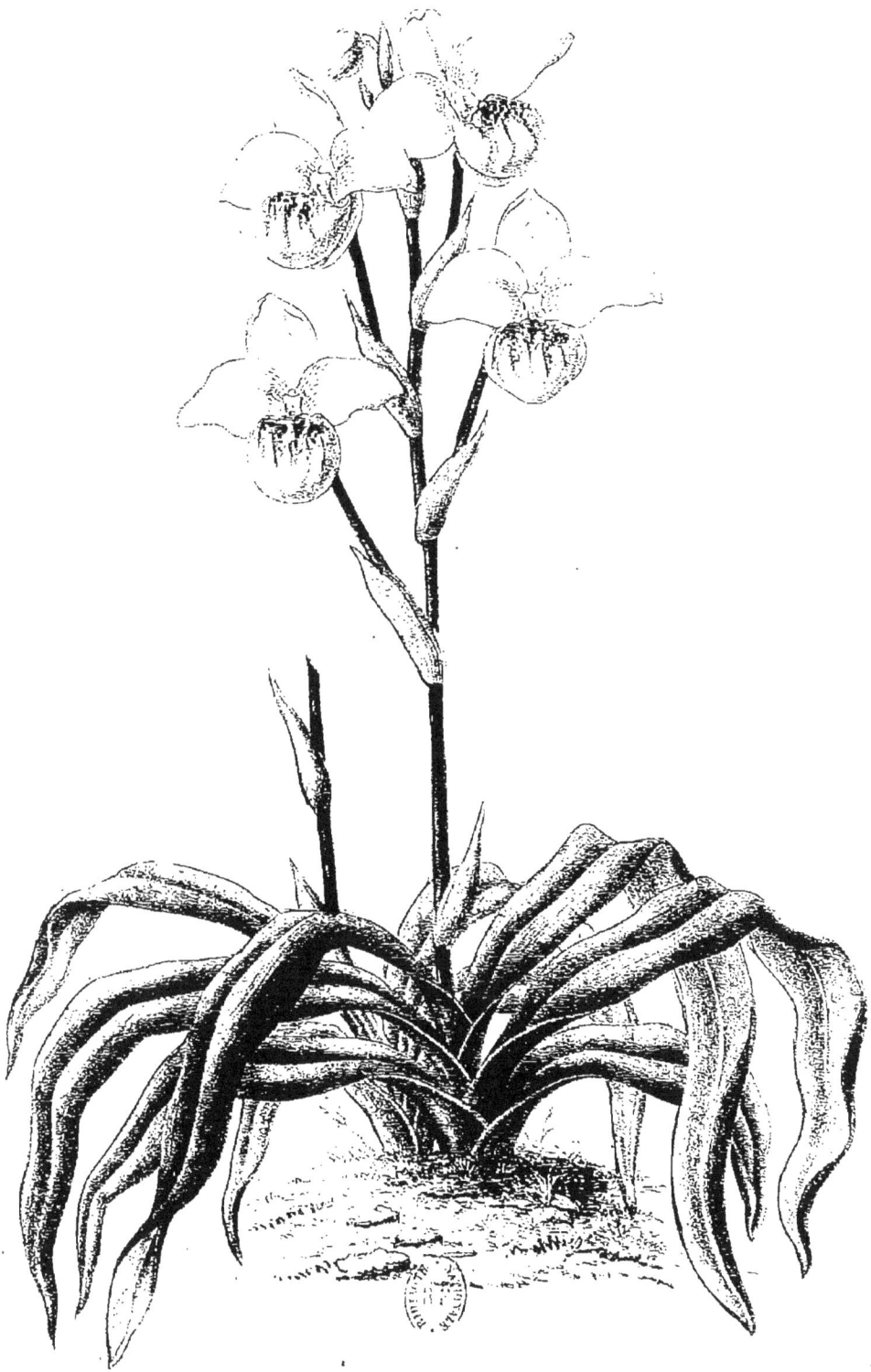

PL. XII _ CYPRIPÉDIUM SCHLIMII ½ G.

PL. XIII. — CYPRIPEDIUM SEDENI (Hybride).

Nous ne pouvons choisir, pour montrer les résultats remarquables obtenus par les hybridisateurs, une plante plus aimable
et plus recommandable que celle-ci. Elle a été gagnée en Angleterre par M. Seden, du croisement des *Cypripedium longifolium*
et *Schlimii*. Elle constitue, à l'égard de l'espèce figurée plus
haut, un notable progrès sous le rapport de la grandeur et de
la beauté des fleurs ; mais elle présente surtout cette particularité,
commune, paraît-il, parmi les Orchidées hybrides ; d'être une
plante de forte nature, facile à cultiver et fleurissant sans peine.
Peut-être serait-elle, mieux que ses parents, apte à prospérer
dans la culture froide ; toutefois nous ne sachions pas que l'expérience ait été faite.

Outre les *Sedeni* et *Dominianum* déjà cités, les semeurs ont
obtenu d'autres hybrides, tels que *Cypripedium Harrisonianum*
(de *barbatum* et *villosum*); *vexillarium* (de *Fairieanum* et *barbatum*), *Ashburtoniæ* (de *insigne* et *barbatum*):

PL. XIII.— CYPRIPEDIUM SEDENI. (Hybride) (²/₃ G.)

Pl. XIV. — CYPRIPEDIUM VEITCHIANUM Reichb.

Cette espèce porte aussi le nom de *superbiens*. Elle est originaire de Java et on l'a trouvée aussi dans le pays d'Assam. Elle appartient au groupe dont le *Cypripedium barbatum* est le type, mais elle en est de beaucoup l'espèce la plus distinguée. C'est une plante robuste, quoiqu'elle ne soit pas des plus faciles à bien cultiver. Son feuillage est agréablement nuancé. Elle fleurit au milieu de l'été, et ses fleurs se maintiennent fraîches pendant très longtemps.

Elle supporte, comme tout le groupe dont elle fait partie, des températures assez basses, et peut, ainsi que les *Barbatum*, être cultivée dans la meilleure place d'une serre tempérée-froide.

Pour compléter ce que nous avons à dire du genre *Cypripedium*, nous signalerons à l'attention des amateurs les jolis *Cypripedium concolor* et *niveum*, à fleurs blanches ; le *Dayanum*, à feuillage panaché et à grandes fleurs, sépales blancs, pétales pourpres nuancés de vert ; la *Fairieanum*, jolie et curieuse ; le *hirsutissimum* à grandes fleurs mêlées de pourpre, de vert et de brun ; les belles variétés d'*insigne* pour la culture froide, à laquelle convient aussi le *villosum* ; le *lævigatum*, une des espèces les plus distinguées ; le *Stonei*, non moins remarquable, et quelques nouveautés fort recommandées, mais encore peu connues.

PL. XIV.___ CYPRIPEDIUM VEITCHIANUM (½ G.)

Pl. XV. — DENDROBIUM CALCEOLARIA Hook.
(MOSCHATUM Wall.).

Originaire du Pégu, dans l'Inde anglaise, ce magnifique *Dendrobium* est depuis fort longtemps dans les serres européennes. C'est une des espèces les plus remarquables par son puissant développement, la beauté de ses fleurs et leur rare coloration. Les tiges qu'il donne atteignent plus d'un mètre de hauteur et ne se dépouillent pas de leurs feuilles. Les fleurs naissent au sommet des tiges en grappes d'une douzaine au moins ; elles sont grandes, mais leur durée n'est pas très longue.

On cultive ce *Dendrobium* dans un large pot, avec du sphagnum mêlé de morceaux de bruyère, de cailloutis, etc. Il exige la serre chaude ou au moins bien tempérée.

Beaucoup de *Dendrobium* ont des tiges grêles qui s'inclinent et deviennent pendantes. On conseille de les cultiver en corbeilles suspendues, parce que, dans cette position, les fleurs qui naissent en petites grappes dans la partie supérieure des tiges retombent avec beaucoup de grâce.

Il serait, du reste, bien difficile de donner une idée de toutes les formes végétatives que revêtent les différentes espèces du genre *Dendrobium*, mais ce qu'on peut affirmer, c'est que sous toutes ces transformations ils se montrent dignes du haut rang qu'ils occupent dans l'estime des amateurs. Ce n'est pas que tous soient également dignes d'attention, mais il n'y en a pas d'absolument mauvais, et les médiocres mêmes sont en faible minorité.

PL. XV.—DENDROBIUM CALCEOLARIA. (½ G.)

PL. XVI. = DENDROBIUM GUIBERTI Hort.

Cette splendide espèce a été dédiée à un amateur des plus
distingués ; mais est-ce bien une espèce? Ne faut-il pas la considérer comme une variété bien distincte du *Dendrobium Grif-
fithii*, considéré lui-même comme un des meilleurs du genre?

Quoi qu'il en soit, nous ne pouvons que regretter l'insuffisance
de notre format, quand il s'agit de représenter ces nobles plantes,
dont les tiges droites, hautes de 2 ou 3 pieds, laissent pendre
d'énormes épis de fleurs, égalant presque le volume d'une tête
d'homme.

Les fleurs du *Dendrobium Guiberti* se conservent très longtemps, au moins dans une atmosphère sèche et tiède. Il demeure
toujours rare. On le cultive en serre chaude.

Lorsqu'on parvient à élever de forts et vigoureux exemplaires
d'une telle plante et qu'ils se chargent d'un grand nombre de
ces immenses épis de fleurs, rien ne peut surpasser leur éclat.
Ceci est vrai d'ailleurs d'une foule d'autres *Dendrobium* appartenant à des types différents. Ces résultats s'obtiennent plutôt
avec de la patience que par des procédés difficiles. Les *Dendrobium* en très grande partie ne demandent qu'une culture assez
simple et facile à pratiquer.

Il importe seulement de se renseigner sur leur origine pour
apprécier le degré de chaleur qui leur est le plus favorable. Il y
a des *Dendrobium* en Chine, au Japon, à la Nouvelle-Galles du
Sud, qui se contentent d'une serre presque froide, mais on en
récolte aussi dans les plaines de l'Indoustan, à Java, aux Philippines, pour lesquels la serre indienne n'est pas de trop. Notons
cependant que d'excellents cultivateurs leur assignent à presque
tous la serre tempérée.

PL. XVI.— DENDROBIUM GUIBERTI. (⅓ G.)

Pl. XVII. — DENDROBIUM MACROPHYLLUM Lindley.

Ce *Dendrobium* porte aussi le nom de *macránthum*, et suivant certaines autorités il devrait prendre celui de *Dendrobium super-bum*, le vrai *macrophyllum*, synonyme de *Dendrobium Veitchia-num*, étant une espèce très différente, à tige droite et à fleurs jaunes. Nous avons conservé le nom sous lequel cette belle espèce est connue dans les collections et dans le commerce.

Le *Dendrobium macrophyllum* est originaire des Philippines. Comme beaucoup d'autres, il perd ses feuilles au moment de fleurir. Les tiges articulées sont longues de 50 centimètres au moins et pendantes. Les fleurs en garnissent l'extrémité, et par leur grandeur et leur frais coloris font de cette espèce une plante très recommandable. Elles durent environ deux semaines et répandent une forte odeur de rhubarbe.

Il y a des variétés de ce *Dendrobium*, dont l'une, le *Dendrobium macrophyllum Huttoni*, est à sépales et pétales blancs. Les unes et les autres aiment un peu de chaleur, surtout la dernière.

La multiplication des *Dendrobium* n'est pas limitée à la division des touffes. Plusieurs produisent des rejetons aux articulations des tiges de l'année précédente, lesquels émettent des racines aériennes, et qu'on détache quand ces racines sont suffisantes. D'autres se propagent par boutures faites avec des tronçons des tiges qui ont fleuri et qui, couchés sur sphagnum humide, développent des pousses dans le genre des précédentes. Ceci, bien entendu, n'est possible qu'avec les espèces à tiges noueuses et articulées.

Plusieurs beaux *Dendrobium* sont originaires de la Nouvelle-Hollande, ce qui peut induire en erreur les cultivateurs habitués à voir surtout, dans les plantes de cette origine, des espèces de serre froide. Le fait est que le *Dendrobium speciosum*, très belle espèce, est originaire de l'Australie méridionale, mais la plupart des autres viennent du Nord, vers le 10e degré de latitude, sous un climat tout à fait équatorial, notamment le beau *Dendrobium bigibbum*, le gentil *Tattonianum*, etc.

PL. XVII. _ DENDROBIUM MACROPHYLLUM (½ G.)

PL. XVIII. — DISA BARELLI.

Cette espèce nouvelle, d'un genre exclusivement confiné dans les environs du cap de Bonne-Espérance, est la troisième que l'on puisse compter comme acquise à la flore des serres européennes. Les autres, parmi lesquelles on en désigne de fort belles, n'ont fait que de très rares et des très fugitives apparitions en Europe.

Le *Disa Barelli* ne diffère guère du magnifique *Disa grandiflora,* le plus anciennement connu, que par la couleur du pétale supérieur, dont le fond est jaune dans le nôtre, tandis qu'il est blanc rosé dans le second!

Le *Disa macrantha,* troisième espèce cultivée, demeure extrêmement rare. Il est de toute beauté, variant d'une plante à l'autre, entre le blanc pur et le rose, avec des taches de carmin.

Nous avons déjà indiqué la manière de vivre des *Disa* et la culture qui leur est essentielle. Ce qu'il ne faut pas perdre de vue, c'est qu'ils redoutent la haute chaleur, veulent beaucoup d'air et toujours une grande humidité aux racines, avec un drainage suffisant. Le lieu qui leur conviendrait peut-être le mieux serait un châssis froid, qu'on garantirait des gelées en hiver et du soleil en été.

PL.XVIII.—DISA BARELLI. (G.n.)

PL. XIX. — EPIDENDRUM FREDERICI-GUILLELMI REICHB.

Dans la multitude des *Epidendrum* à tiges droites, plus ou
moins garnies de feuilles opposées, sans pseudo-bulbes, plutôt
semi-terrestres qu'épiphytes, qui abondent dans beaucoup de
régions tempérées et même froides de l'Amérique intertropicale,
il n'en est que bien peu qui rivalisent avec celui que nous figurons ici. Originaire du Pérou, d'où il a été introduit par M. Linden, il n'y a que peu d'années, il se contente d'une serre presque froide, végète avec beaucoup de vigueur et fleurit facilement
quand il a atteint son développement normal. La figure que
nous en donnons n'a pu comprendre qu'une partie de sa riche
panicule. On le cultive de préférence en pots et dans du sphagnum pur ou mêlé d'un peu de terre de bruyère. Beaucoup d'arrosements.

La section des *Epidendrum* à laquelle appartient celui-ci, est
la plus belle du genre. Nous pouvons citer encore du même type,
les *Epidendrum cinnabarinum*, à tige d'un mètre au moins de
haut, qui se couronnent d'une panicule de fleurs écarlates, se conservant belles pendant deux ou trois mois, mais demandant plus de
chaleur; l'*Epidendrum cnemidophorum*, de serre tempérée-froide,
forte espèce, panicule volumineuse de fleurs jaunes tachetées de
brun, blanches au revers; le vieux *crassifolium* à fleurs roses,
moins beau, mais fleurissant pendant 3 ou 4 mois; le *Catillus*
ou *Imperator*, nouveauté rivale des plus belles; *paniculatum*,
grande espèce à panicule pendante de belles fleurs rose clair;
le *Syringothyrsus*, l'un des plus remarquables, de serre froide-
tempérée, panicule très ramifiée de soixante-dix à quatre-vingts
fleurs, pourpres avec le labelle blanc et rose.

PL. XIX _ EPIDENDRUM FREDERICI GUILLIELMI. (C.n.)

Pl. XX. — EPIDENDRUM VITELLINUM MAJUS Ldl.

Cette précieuse espèce mexicaine se range parmi les *Epiden-drum* pseudo-bulbeux, à fleurs en grappe simple et plus ou moins courte. Elle provient des régions élevées et se contente d'une serre presque froide. La variété que nous reproduisons ne diffère du type que par la grandeur de ses fleurs.

Peu d'Orchidées sont aussi précieuses que celle-ci. Sa culture est tout à fait élémentaire ; pots, corbeilles, bois lui conviennent, mais surtout le pot avec sphagnum et un peu de terreau de bruyère et beaucoup d'eau aux racines. Il est d'assez petite taille, mais de complexion robuste. Sa floraison ne manque jamais à l'appel ; sa couleur écarlate orangé avec labelle jaune est d'un grand effet, et il se conserve en fleurs, surtout à froid, pendant près de trois mois. On peut se figurer l'effet d'un exemplaire d'exposition portant à la fois vingt ou vingt-cinq de ces brillants épis de fleurs.

La nuance glauque de son feuillage, qui le fait parfois confondre avec le *Cattleya citrina*, est encore une qualité.

Les *Epidendrum* de ce type sont très nombreux, mais les médiocrités abondent. Parmi les bons on peut citer *Epidendrum nemorale, macrochilum, bicornutum* et un petit nombre d'autres. Ceux-ci sont franchement épiphytes.

Il n'est pas difficile de glaner encore, dans cet immense genre, quelques bonnes plantes d'amateur, comme *Epidendrum stamfordianum, prismatocarpum, Sceptrum, phœnicum, erubescens, dichromum, Brassavolæ, leucochilum, pseudo-epidendrum, glumaceum, etc.*, que nous devons renoncer à décrire et qui demandent les uns la serre au moins tempérée, les autres très peu de chaleur.

PL.IX.___EPIDENDRUM VITELLINUM MAJUS. (G.n.)

Pᴌ. XXI. — LÆLIA ELEGANS Lɪɴᴅʟᴇʏ
(CATTLEYA ELEGANS Mᴏʀʀ.).

Obligé de nous borner à figurer un seul *Lælia*, nous avons choisi cette espèce, l'une des plus propres à faire apprécier la beauté de ce genre distingué. Le *Lælia elegans* est une plante de forte constitution qui donne au sommet de ses tiges des grappes droites de fleurs larges de 2 ou 3 pouces, ressemblant assez à des fleurs de *Cattleya* et méritant parfaitement l'épithète d'élégantes. Elles durent trois ou quatre semaines.

Cette espèce brésilienne donne des variétés, dont quelques-unes surpassent le type.

La plus splendide espèce du genre *Lælia* est très probablement le *Lælia purpurata*, du Brésil méridional, robuste et magnifique espèce, à grappes de fleurs énormes, atteignant 20 centimètres de diamètre, dont les pétales et sépales sont blancs ou rosés dans certaines variétés, avec un labelle richement coloré en carmin varié de pourpre et de jaune. Ce *Lælia* peut rivaliser avec les plus riches Orchidées. Il est, en outre, de nature très accommodante, et fleurit très bien dans une serre tempérée-froide. Cette serre suffit également pour faire croître et fleurir la plupart des *Lælia*, qui appartiennent bien plus aux régions tempérées ou froides qu'à la zone des hautes chaleurs.

PL. XXI.— LÆLIA ELÉGANS. (⅔ G.)

Pl. XXII. — LYCASTE SKINNERI RUBRA Lindley.

Les *Lycaste*, qui étaient primitivement confondus avec les *Maxillaria*, comptent quelques jolies espèces parmi beaucoup de médiocres. Une seule est de premier ordre, c'est le *Lycaste Skinneri* dont nous donnons ici une belle variété. Il y a, de ces variétés, un nombre infini, à ce point que deux plantes de l'espèce ne sont jamais absolument semblables. Leur couleur va du blanc pur au rose carminé, avec un labelle toujours embelli de dessins gracieux et multicolores.

La culture de ce *Lycaste* est tout ce qu'il y a de plus facile. La serre presque froide lui suffit avec du sphagnum mêlé d'un peu de terre de bruyère et beaucoup d'eau. Il fleurit régulièrement et abondamment, en hiver, si on le tient modérément chaud; ses fleurs sont odorantes et durent deux ou trois mois. On le conserve parfaitement dans les appartements.

Parmi les autres *Lycaste* il faut noter : *Lycaste Harrisoni*, dont les fleurs ont une forme et des teintes fort distinguées, et durent très longtemps; *Lycaste aromatica* et *cruenta*, fort voisins, à nombreuses fleurs jaunes ou orangées, répandant une fine odeur de cannelle; *Lycaste lanipes* à fleurs blanc-crème, très florifère.

Tous ces *Lycaste* se cultivent de la même manière et sont également robustes et faciles à élever. Le défaut de plusieurs est d'avoir un feuillage très ample, qui tient beaucoup de place et cache en partie les fleurs.

PL. XXII._ LYCASTE. SKINNERI RUBRA (½ G)

Pl. XXIII. — MASDEVALLIA CHIMÆRA Reichb.

Le genre *Masdevallia*, dont nous offrons trois spécimens, a
conquis depuis un certain nombre d'années la faveur des amateurs. Il la doit à la petite taille et au port très compact de presque toutes ses espèces; à leur feuillage charnu, toujours vert et
touffu, qualité assez rare chez nombre d'Orchidées, à l'abondance de sa floraison et à la beauté ou tout au moins à l'originalité
de la plupart de ses fleurs. Il y en a cependant de bien insignifiantes, et pas mal dont les fleurs brunes ou verdâtres ne se distinguent que par une extrème bizarrerie. De celles-là, quelques-
unes sont à recommander, et comme elles tiennent très peu de
place et ne sont nullement difficiles à élever, on ne peut les
rejeter équitablement. Les *Masdevallia* à grandes fleurs et
beaux coloris sont en revanche des bijoux dignes des plus
grands soins.

Le *Masdevallia Chimæra* que nous représentons le premier, est
surtout une fleur bizarre, mais sa grande taille et son étrange
physionomie la font rechercher nonobstant ses couleurs peu
éclatantes.

Cette espèce, comme toutes ses congénères, vient très bien en
serre tempérée-froide, car les *Masdevallia* sont presque tous originaires des régions élevées, où les chaleurs sont inconnues. Elle
prospère dans le sphagnum pur ou mêlé de sable blanc et de
charbon de bois. Il lui faut d'assez petits pots et des arrosements abondants, un peu plus modérés en hiver, mais jamais de
sécheresse. Inutile de recommander une fois de plus un drainage efficace.

PL. XXIII.— MASDEVALLIA CHIMAERA. (G.n.)

PL. XXIV. — MASDEVALLIA TOVARENSIS. Lindley.

Connue aussi sous le nom de *candida*, cette jolie espèce originaire de la Nouvelle-Grenade est encore assez rare. Les fleurs
blanches ne manquent pas dans le genre *Masdevallia*; mais ce
sont des blancs verdâtres ou jaunâtres. Le *tovarensis* est d'un
blanc pur, et ses fleurs assez grandes tiennent fort bien leur
place. Elle n'est pas plus exigeante que les autres.

Les *Masdevallia* bien cultivés se développent rapidement, et
on peut facilement les multiplier par la division des touffes. Les
fleurs se montrent, sur des bonnes espèces, même lorsque la
plante n'a que quelques feuilles, et les exemplaires de vingt à
trente feuilles peuvent donner de quinze à vingt fleurs. La
durée de cette floraison est assez grande.

Il faut à ces jolies plantes de l'air pur, et on doit ouvrir la
serre où elles se cultivent aussi souvent que la saison le permet.
Trop d'ombre leur est nuisible.

PL. XXIV. ___ MASDEVALLIA TOVARENSIS (Candida.)(G.2.)

Pl. XXV. — MASDEVALLIA VEITCHII.

Découverte dans les Andes péruviennes, sous un ciel inclément, cette magnifique espèce est peut-être la plus précieuse que nous possédions. Sa vegétation est vigoureuse, et ses brillantes fleurs, grandes, d'un coloris éclatant et curieusement nuancé, se montrent à profusion et en diverses saisons de l'année.

Une petite collection de *Masdevallia*, tenue dans une bonne serre bien éclairée et bien aérée, avec les soins ordinaires que réclame ce beau genre, montre des fleurs à peu près constamment, et vu leur petite taille et leur végétation compacte, on peut en cultiver un grand nombre dans un espace relativement petit.

On a payé les beaux *Masdevallia* au poids de l'or, mais la facilité de leur multiplication a bientôt fait baisser les prix, abordables aujourd'hui pour tous les amateurs, au moins ceux des espèces d'introduction déjà ancienne. Ici ce n'est pas l'importation qui a fait la baisse, il est au contraire assez difficile de faire arriver à bon port ces petites plantes quasi alpines; mais une fois introduites, elles ne tardent pas à prendre force, et alors leur développement est relativement très rapide.

PL. XXV.___MASDEVALLIA VEITCHII. (G.n.)

PL. XXVI. — MILTONIA REGNELLI.

Les *Miltonia* ne sont pas bien nombreux, une vingtaine à peine, sans compter les variétés, mais ce sont de belles plantes, fleurissant facilement, et dont les fleurs comptent en général parmi les ornements recherchés de nos serres.

Les *Miltonia* appartiennent surtout à la flore du Brésil et à la zone tempérée. L'espèce que nous figurons ci-contre est une des plus rares et des plus agréables. Sa grappe porte de trois à six fleurs, qui s'épanouissent vers l'automne et se conservent pendant quatre ou cinq semaines.

Le feuillage et les pseudo-bulbes des *Miltonia* ont une teinte jaune qui fait croire, au premier abord, qu'ils sont souffrants; c'est un léger défaut auquel on remédie en partie par d'abondants arrosements lors de la pousse. On les tient en pots remplis de sphagnum.

Comme nous l'avons dit, la culture froide de ces belles plantes n'est nullement impossible, quoique leur place naturelle soit en serre tempérée. Avec moins de chaleur hivernale, il leur faudra une place de choix et point trop d'eau en hiver.

Le *Miltonia Warscewiczii*, qui a été trouvé au Pérou, est très-distinct des autres espèces, et on l'a cultivé sous le nom d'*Odontoglossum Weltoni* ainsi que sous celui d'*Oncidium fuscatum*. C'est une fort jolie plante, qui doit être moins frileuse que ses congénères du Brésil.

PL.XXVI. __ MILTONIA REGNELLI (G.n.)

Pl. XXVII. — MILTONIA SPECTABILIS
MORELIANA Hort.

Ce beau *Miltonia*, qui prodigue ses grandes fleurs pourpres
en échange des moindres soins, est considéré par quelques-uns
comme une espèce. Il est, en effet, assez distinct du *spectabilis*,
par la grandeur et le coloris foncé de ses fleurs, pour qu'on soit
tenté de l'en distinguer spécifiquement; mais la forme de ses
fleurs est tellement semblable à celle du *spectabilis*, et celui-ci,
de son côté, varie de tant de manières, qu'il semble plus
naturel de les réunir comme simples variétés.

Quoiqu'il en soit, le *Miltonia Moreliana* est une des belles
formes du genre et l'un de ceux qui tiennent le mieux leur
place dans une collection de choix.

Les *Miltonia* aiment l'ombre. On les multiplie uniquement par
la section des rhizomes, là où il y a plus d'une jeune pousse, ou
pour en faire produire aux pseudo-bulbes anciens.

PL. XXVII.___ MILTONIA SPECTABILIS MORELIANA (½ G.)

Pl. XXVIII. — ODONTOGLOSSUM ALEXANDRÆ
GUTTATUM Bat. Var. Hort.

Cette magnifique espèce, l'une des gloires d'un genre hors ligne, honneur de la culture froide, a reçu différents noms ; nous adoptons celui que lui a imposé M. Bateman. M. Reichenbach l'avait de son côté et presque en même temps appelé *Odontoglossum Bluntii*. On le trouve aussi sous le nom d'*Odontoglossum crispum*.

Il existe un assez grand nombre de variétés de cet *Odontoglossum*. Toutes sont presque également belles. Nous figurons celle qui est richement maculée de pourpre, mais les fleurs tout à fait blanches, d'un blanc de neige avec une teinte jaune au centre, ne sont pas moins distinguées.

Pour se faire une idée de l'éclat de cette belle Orchidée, il faut se la représenter non avec un épi de trois ou quatre fleurs, mais avec d'énormes grappes ramifiées, hautes d'un mètre ou à peu près, et portant une cinquantaine, sinon davantage, de fleurs larges de plus de 2 pouces, d'un blanc transparent orné de teintes pourprés.

Cette espèce croît aux environs de Bogota, à 7000 ou 8000 pieds d'altitude. L'immense majorité des *Odontoglossum* habite ces mêmes zones très tempérées et s'élève même plus haut. Aussi leur faut-il dans nos serres, un air pur, renouvelé, aussi souvent que possible, peu de chaleur, de l'ombre, une atmosphère humide, et de bons arrosements presque en toute saison.

L'*Odontoglossum Pescatorei* rivalise avec celui-ci, et ses fleurs sont du même blanc cristallin. L'*Odontoglossum Andersonii*, autre splendide espèce, semble être un hybride d'*Alexandræ* et d'un autre à fleur jaune.

Cette section des *Odontoglossum* n'est pas la plus facile à bien cultiver; du moins plus d'un amateur a eu des mécomptes à enregistrer, tandis que chez d'autres ils croissent avec une grande vigueur. Cela semble tenir à des circonstances locales.

La température hivernale et de nuit, la plus basse par conséquent, ne doit pas descendre au-dessous de 6 à 7 degrés.

PL. XXVIII.——ODONTOGLOSSUM ALEXANDRÆ GUTTATUM (G.n.)

PL. XXIX. — ODONTOGLOSSUM CITROSMUM LINDLEY.

Cette belle espèce est ancienne. Originaire du Mexique et de Guatemala, elle a plusieurs fois été envoyée vivante en Europe par M. Skinner. Son feuillage parcheminé et très persistant, ainsi que ses pseudo-bulbes verts et luisants, en font déjà une plante d'un aspect agréable. Sa grappe de fleurs est longue et pendante et en porte au moins une douzaine. On en cultive beaucoup une variété à fleurs roses, qui est peut-être plus belle.

L'*Odontoglossum citrosmum* serait une plante des plus recherchées s'il ne se montrait pas, dans beaucoup de serres, assez avare de ses fleurs. Lui faut-il la serre tempérée ou la serre tempérée-froide comme à presque toutes les autres espèces du genre? Nous pouvons affirmer qu'il végète admirablement dans cette dernière, mais peut-être la production des fleurs y est-elle moins abondante. Quoi qu'il en soit, nous avons vu des exemplaires tenus à une température plus élevée et qui ne fleurissaient pas mieux. Nous pensons plutôt que c'est une question de lumière, d'exposition, d'air, plutôt que de chaleur.

La multiplication de cette espèce est très facile.

PL. XXIX.— ODONTOGLOSSUM CITROSMUM. (²/₃ G.)

Pl. XXX. — ODONTOGLOSSUM TRIUMPHANS Reichb.

La section des *Odontoglossum* à fleurs jaunes ne le cèderait en rien aux types blancs ou roses des autres, n'était l'attrait moins grand de leurs nuances, un peu trop communes parmi les Orchidées américaines. Il n'en est pas moins vrai qu'un grand nombre d'entre eux doivent prendre rang parmi les plus distingués et les plus désirables. Les *Odontoglossum grande* et *Insleayi* ont été trop souvent dessinés pour que nous les donnions ici, mais l'*Odontoglossum triumphans*, plus nouveau, nous offre des fleurs presque aussi grandes et non moins belles, quoique dans un genre différent. Il se rapproche, pour ses formes végétatives, de l'*Odontoglossum Pescatorei*, originaire comme lui des régions subalpines de la Nouvelle-Grenade. Ses fleurs, de 4 pouces de diamètre au moins, naissent en grappes radicales et un peu flexibles, au nombre de trois à sept, et il n'est pas rare de voir chaque nouveau pseudo-bulbe en donner deux à la fois.

Cette excellente espèce fleurit au printemps, et ses fleurs conservent longtemps leur fraîcheur. Elle veut la même culture que ses congénères de la région froide équatoriale, de l'air, de l'eau aux racines, de l'ombre et peu de chaleur (serre tempérée-froide).

À l'inverse du groupe des *grande*, qui sont des plus rustiques, cette espèce est un tant soit peu délicate, en ce sens surtout qu'elle s'épuise par l'excès de sa floraison.

Nous eussions désiré donner place dans cette iconographie à un groupe nouveau et superlativement beau, celui dont l'*Odontoglossum vexillarium* est le type (voir fig. 242), mais forcé de les réduire à un quart de leurs dimensions, nous n'en aurions inspiré qu'une piètre idée. Qu'on se figure un *Odontoglossum vexillarium* portant plusieurs grappes à la fois de fleurs du rose le plus tendre nuancé de blanc pur, ou, à l'inverse, de fleurs blanches teintées de rose; ces fleurs viennent jusqu'à cinq, et sept à la fois, et chacune d'elles atteint un diamètre de 12 centimètres! L'*Odontoglossum Rœzlii*, un peu moins grand, est à fleurs blanches avec un peu de rose et de jaune au centre; c'est également une Orchidée de premier choix.

La culture des espèces de ce dernier groupe ne présente aucune difficulté particulière. Serre tempérée ou tempérée-froide.

PL XXX.— ODONTOGLOSSUM TRIUMPHANS. (C n.)

Pl. XXXI. — ONCIDIUM KRAMERIANUM Reichb.

L'*Oncidium Kramerianum* dont on a, pour un temps, fait le type d'un nouveau genre, sous le nom de *Papiliopsis nodosa*, se rattache par plusieurs côtés au bel et curieux *Oncidium Papilio*, qu'il égale au moins par son originalité et qu'il dépasse par la vivacité de ses couleurs. Il a comme lui un feuillage agréablement tacheté. Sa tige florale est noueuse, longue et grêle, terminée par des fleurs qui se développent successivement. Il est de l'Amérique centrale, et plutôt de la zone tempérée. Culture ordinaire des épiphytes de serre tempérée.

La diversité des formes, dans ce vaste genre, est extrême: A côté d'humbles miniatures, hautes en tout de 3 ou 4 pouces, vous rencontrez des feuilles de plus de 30 centimètres, larges et épaisses (*luridum, carthagenense, Cavendishii*), ou des hampes florales qui s'allongent jusqu'à 2 ou 3 mètres (*serratum, macranthum, leucochilum, luridum, pulvinatum*).

Comme pour certaines espèces du genre précédent, nous aurions voulu donner place à quelques *Oncidium* d'une beauté hors ligne; mais que peut-on faire pour représenter sur une feuille in-8° l'*Oncidium macranthum*, par exemple, dont les fleurs si distinguées ont 8 centimètres de diamètre et naissent au nombre d'une cinquantaine sur une hampe à rameaux étagés, longue de 2 à 3 mètres? C'est là probablement le roi des *Oncidium*, et nulle plante ne paraît plus facile à faire fleurir et moins exigeante pour tout le reste. Elle est de serre presque froide, avec les *Oncidium serratum, œmulum, cucullatum* et ses variétés.

PL. XXXI.__ONCIDIUM KRAMERIANUM. (½ G)

PL. XXXII. ☰ ONCIDIUM LANCEANUM.

Nous venons de citer des *Oncidium* qui croissent naturellement à 3 ou 4000 mètres d'altitude et jusqu'à 2 ou 300 mètres
à peine au-dessous de la limite des neiges. En voilà un, maintenant, qui appartient à la Guyane, une des contrées les plus uni-
formément chaudes de l'Amérique équatoriale. C'est une fort belle
plante, au feuillage maculé, dont les grandes fleurs sont portées
sur un épi assez court. Il fleurit en été et conserve ses fleurs
pendant quatre ou cinq semaines.

On conseille de le tenir sur bois ou en corbeille plutôt qu'en
pot. Même en serre chaude ce n'est pas une plante d'une végétation puissante, mais, si l'on sait lui donner des soins convenables, c'est réellement une des plus distinguées parmi les deux
cents espèces au moins de ce beau genre.

La multiplication des *Oncidium* est, en général, assez facile,
les jeunes tiges produisant de bonne heure des racines et les
bulbes anciens conservant longtemps des yeux qui peuvent se
développer quand on opère la section du rhizome.

PL.XXXII. _ ONCIDIUM LANCEANUM. (½ G.)

PL. XXXIII. — ONCIDIUM SPLENDIDUM REICHB.

Cette magnifique espèce guatemalienne a des bulbes très petits portant une seule feuille, assez longue et d'une grande épaisseur. Son épi atteint 2 pieds de long, avec des ramifications, et porte un grand nombre de fleurs, larges de 8 centimètres, dont le large labelle jaune clair tranche sur le fond plus sombre des autres divisions.

L'*Oncidium splendidum* fleurit communément au printemps ou en été, et bien venu, c'est une plante d'un grand effet.

On ne sait pas bien jusqu'à quelle altitude il se rencontre, ce qui fait que les uns conseillent de le tenir en serre tempérée ou même chaude, les autres dans la partie la moins froide de la serre tempérée-froide. C'est probablement le dernier avis qui est le bon.

Cette espèce est encore fort rare et d'un prix très élevé.

Avec des formes tout à fait différentes, un autre *Oncidium* montre des fleurs presque aussi belles, ayant de plus une délicieuse odeur de réséda et durant six semaines. Ajoutons qu'il fleurit en hiver. Nous voulons parler de l'*Oncidium tigrinum*, La Llave et Lex. (*Oncidium Barkeri* Ldl.), qui coûte à peine la vingtième partie du prix de l'autre, et se contente de la culture la plus simple en serre tempérée-froide, étant originaire des terres froides du Mexique. Il a une variété supérieure en taille et en beauté.

PL. XXXIII.— ONCIDIUM SPLENDIDUM. (G.n)

PL. XXXIV. — PHALÆNOPSIS GRANDIFLORA LINDLEY.

Le *Phalœnopsis grandiflora* est une Orchidée de Java, peu dif-
férenté du *Phalœnopsis amabilis* Blume, que M. Williams appelle
The queen of Orchids. La différence, quant aux fleurs, consiste
en ceci que la nuance rose du centre de la seconde est rem-
placée par du jaune dans la première. Les fleurs sont aussi plus
grandes.

Les *Phalœnopsis* sont tous de taille à peine moyenne d'une
végétation compacte ; ils n'ont point de pseudo-bulbes, mais
leurs feuilles sont épaisses, quelquefois maculées. Les fleurs
naissent de l'aisselle des feuilles, en longues grappes. Elles sont,
dans quelques espèces, larges d'un pouce au plus, mais plus
que doubles dans d'autres. Les nuances de ces fleurs sont d'une
pureté et d'une délicatesse extrêmes, et tout l'ensemble de la
plante est d'une rare distinction. Leur floraison est des plus
abondantes ; elle se prolonge pendant plusieurs mois, si on les
tient à l'abri de l'humidité. « J'ai vu, dit M. B. Williams, un
« *Phalœnopsis grandiflora* fleurir pendant six mois et revenir pen-
« dant six années consécutives à six expositions par an, portant
« souvent jusqu'à soixante-dix ou quatre-vingts fleurs épanouies
« en même temps. »

La culture des *Phalœnopsis*, sans être difficile, demande une
attention soutenue, parce que ces plantes, étant dépourvues de
pseudo-bulbes, souffrent beaucoup de la sécheresse. On les plante
indifféremment sur une bûche de bois, en corbeille ou en pot.
Sur bois il leur faut des arrosements très fréquents en tout temps,
mais surtout en été ; en pots il leur faut un drainage qui occupe
les trois quart au moins du vase. Le reste se remplit de sphagnum haché, mêlé de quelques morceaux de poterie ou de charbon de bois. Il faut avoir soin de les planter assez haut au-
dessus des bords et de ne pas couvrir la base de la plante.

Les *Phalænopsis* appartiennent, sans exception, aux régions les plus chaudes de l'Asie et des Iles. Il leur faut donc la serre chaude, la serre indienne. Dans la saison où ils ne croissent pas, c'est-à-dire d'octobre à février, on peut laisser la température de nuit descendre dans la serre à 15 degrés et celle de jour à 18 degrés. En mars et avril on tiendra la serre plus chaude de quelques (trois ou cinq) degrés, et quand l'été sera venu, une température de 20 à 25 degrés deviendra nécessaire, et il n'y aura pas d'inconvénient à ce que le soleil l'élève à 25 ou 30 degrés, pourvu que la serre soit bien ombrée.

PL. XXXIV.——PHALÆNOPSIS GRANDIFLORA (^{2}/3 G.)

PL. XXXV. — PHALÆNOPSIS SCHILLERIANA Reichb.

Les *Phalænopsis* ne sont pas nombreux ; on en compte au plus une vingtaine dans les serres d'Europe, même en y comprenant les variétés nommées. Ils ne comptent pas moins au premier rang parmi les favoris de la mode et, disons-le, du bon goût. Il faut les avoir vus dans toute la force de leur croissance, dans toute la richesse de leur floraison, pour les apprécier à leur juste valeur. Le *Phalænopsis Schilleriana,* de Manille, n'est pas un des moins appréciés. Son feuillage agréablement varié et certains détails de structure le font facilement distinguer. On dit que dans sa patrie il donne des grappes de fleurs de près d'un mètre de longueur, garnies de nombreuses ramifications et d'une centaine de fleurs. Celles-ci mesurent jusqu'à 2 1/2 pouces de diamètre ; et si on ajoute à cela l'infinie délicatesse de leurs couleurs, on comprendra ce que vaut une telle plante.

Ce *Phalænopsis* est d'une constitution assez robuste. Ses racines offrent cette particularité d'être très aplaties. Il ne demande pas de soins particuliers, mais de bons arrosements en été, une atmosphère humide et chaude, et en hiver peu d'eau, sans jamais arriver à la sécheresse.

PL. XXXV._ PHALÆNOPSIS SCHILLERIANA (³⁄₄ G.)

PL. XXXVI. — PLEIONE LAGENARIA.

Tout est étrange dans ces petites plantes trouvées au nord de l'Inde, sous un climat presque froid. Des pseudo-bulbes d'une forme bizarre, qui se cachent en partie sous les mousses, des feuilles qui tombent à l'approche de l'hiver, puis quand rien ne se montre plus, de grandes fleurs qui semblent sortir de terre, si bien qu'on les a nommées les crocus de l'Inde. Ces fleurs ont jusqu'à 3 ou 4 pouces de diamètre, sont portées une à une sur de courts pédicelles et ont des couleurs fort délicates, avec d'agréables dessins au labelle. Elles durent trois ou quatre semaines.

Le *Pleione humilis,* dont les pseudo-bulbes se rapprochent de la forme ordinaire, produit une masse de bulbilles qui servent à le multiplier. Ses fleurs à labelle frangé sont des plus agréables. Le *Pleione Reichenbachiana* donne deux fleurs sur la même hampe et elles sont fort belles. On en peut dire autant des *Pleione Wallichiana* et *maculata.*

Une terrine pleine de ces jolies plantes et donnant à la fois vingt ou trente fleurs est d'un coup d'œil aussi curieux que beau.

La culture des *Pleione* n'est pas difficile. Il suffit de tenir compte du temps de repos qui leur est nécessaire et de veiller à leur rendre plus d'eau quand les boutons à fleurs commencent à se montrer, c'est-à-dire au commencement ou à la fin de l'hiver, suivant les espèces et la température à laquelle on les soumet. Ces fort jolies plantes se contentent parfaitement d'une serre tempérée-froide.

PL. XXXVI.____PLEIONE LAGENARIA (G.n.)

Pl. XXXVII. — SACCOLABIUM BLUMEI Lindley.

Nous voici de nouveau en présence d'un des genres les plus magnifiques de l'Asie équatoriale. Les *Saccolabium* ont beaucoup de rapport avec les *Aerides* et ne leur sont pas inférieurs. On n'en cultive guère, en Europe, que quinze espèces environ et quelques variétés assez distinctes pour avoir reçu des noms.

Leur port, leur feuillage, leur mode de floraison en grappes axillaires, sont semblables à ceux des *Aerides*; ils habitent à peu près les mêmes contrées, vivent de la même manière, et veulent dans nos serres les mêmes soins de culture. Comme eux il leur faut la chaleur de la serre indienne.

Les fleurs des *Saccolabium* ont cependant un cachet particulier, et certaines espèces se distinguent nettement du groupe auquel ils appartiennent.

Le *Saccolabium Blumei* est originaire de Java. Il fleurit en août et ses fleurs durent trois semaines. C'est une des bonnes espèces du genre. Il a plusieurs variétés parfaitement distinctes.

La multiplication des *Saccolabium* s'opère par les mêmes moyens que nous avons indiqués pour les *Aerides*. Elle est lente et beaucoup d'entre eux sont encore d'un prix élevé.

PL.XXXVII.___ SACCOLABIUM BLUMEI. (G.n.)

PL. XXXVIII. — SACCOLABIUM CURVIFOLIUM Lindley.

Cette intéressante espèce de *Saccolabium* est originaire du Népaul, mais des vallées chaudes de cette contrée subhimalayenne. Il ne s'élève guère qu'à 1 pied, et il est de ceux qu'on préfère cultiver sur un bloc de bois. Il fleurit en été et n'est point avare de ses belles fleurs d'une couleur si vive. On en cultive une variété, trouvée dans le Moulmein, dont les fleurs sont jaune clair. Le *Saccolabium miniatum* a de petits épis de fleurs rouges, moins belles que les précédentes. Mais la couleur dominante dans ce genre, comme dans ses alliés les *Aerides*, est le blanc plus ou moins pur des pétales, avec des taches de rose, de lilas, de pourpre, etc. Le labelle a ordinairement des couleurs plus vives.

PL.XXXVIII.— SACCOLABIUM CURVIFOLIUM .(G.n.)

Pl. XXXIX. — SACCOLABIUM VIOLACEUM.

Le *Saccolabium violaceum* a été découvert aux îles Philippines et n'est pas une des moins belles plantes que nous a révélées cet archipel si favorisé de la nature. Il végète avec force, et son feuillage a d'amples proportions. Les grappes de fleurs ont de 12 à 15 pouces de longueur et les fleurs y sont serrées les unes contre les autres. Les couleurs sont d'une grande délicatesse. Il a le mérite de fleurir en hiver et pendant quatre ou cinq semaines. On le cultive de préférence dans un pot drainé aux trois quarts et couvert de sphagnum vivant.

En outre des splendides espèces que nous avons déjà citées, le genre *Saccolabium* renferme un certain nombre de non-valeurs qui disparaissent peu à peu des cultures, non qu'elles n'aient rien d'intéressant, mais parce qu'elles tiennent autant de place que les meilleures et sont tout aussi exigeantes.

PL.XXXIX.___ SACCOLABIUM VIOLACEUM (G.n.)

PL. XL. — SOBRALIA RUCKERI LINDLEY.

Le beau *Sobralia* dont nous donnons ci-contre la figure, fait exception parmi toutes les espèces cultivées. Au lieu de s'ouvrir une à une, ses très grandes et brillantes fleurs s'épanouissent toutes à la fois, au nombre de quatre ordinairement, et tandis que celles des autres espères ne durent au plus que trois jours, celles-ci sont d'une longue durée.

Les tiges du *Sobralia Ruckeri* ne s'élèvent qu'à 2 ou 3 pieds, et l'ensemble de sa floraison, sur un fort exemplaire, est vraiment magnifique.

Il est originaire de la Nouvelle-Grenade et fleurit bien dans la serre tempérée-froide. C'est encore une espèce très rare.

La culture et la multiplication des *Sobralia* ne sont point difficiles. Le traitement est celui des Orchidées terrestres en général, avec de grands pots.

On conseille pour quelques *Sobralia* la serre tempérée; cependant le superbe *Sobralia macrantha* est bien de serre tempérée-froide, ainsi que sa variété à tiges courtes, n'atteignant qu'un pied à 1 1/2 pieds (*Sobralia macrantha splendens?*), bien supérieure au type par son port et la richesse de son feuillage.

Il y a des *Sobralia* que l'on cultive très peu et qui sont bien inférieurs aux précédents, comme les *Sobralia chlorantha, fragrans, sessilis,* etc. ; en revanche, on en a importé de nouveaux qui commencent à se répandre, quoique leur prix soit encore très élevé. Ces belles plantes conviennent surtout là où l'on dispose d'un grand espace.

PL. XL. — SOBRALIA RUCKERI. (¹·₂ G.)

Pl. XLI. — SOPHRONITIS GRANDIFLORA Lindley.

Les *Sophronitis* sont d'humbles petites plantes qui habitent particulièrement les montagnes des Orgues au Brésil. On en compte quatre espèces, l'une à toutes petites fleurs en grappes, d'un joli rouge, avec un feuillage charnu agréablement nuancé, c'est le *Sophronitis cernua*. Deux autres, de taille un peu plus grande, également munies d'un bon feuillage charnu et compact, mais avec des fleurs d'une couleur éclatante et d'une dimension considérable eu égard à la taille de la plante. Ce sont les *Sophronitis coccinea* et *grandiflora*. La dernière, *Sophronitis violacea*, est d'un aspect différent, à feuillage plus mince et plus étroit. Ses fleurs sont de moyenne grandeur et d'une teinte violet clair.

Ces petites plantes fleurissent en hiver ou au printemps, si on les cultive à froid.

Quand le *Sophronitis grandiflora* se montre avec quelques-unes de ses grandes fleurs au-dessus d'une plante haute à peine de 3 pouces, il est impossible de ne pas l'admirer. Il en est de même du *Sophronitis coccinea*, peu différent du premier. Ajoutons que sur une plante saine il ne manque pas de venir, chaque année, autant de fleurs qu'il y a de jeunes pousses. Ces fleurs durent plusieurs semaines.

La culture des *Sophronitis* n'offre aucune difficulté. On les plante sur bois ou en pots point trop larges, avec des fragments de gazon de bruyère, des tessons de pots et du sphagnum, le tout bien drainé. Beaucoup d'eau en été, modérément en hiver.

La serre tempérée-froide convient parfaitement aux *Sophronitis*. Peut-être le *cernua* demande-t-il la serre tempérée pour fleurir.

PL.XLI.— SOPHRONITIS GANDIFLORA. (G.n.)

Pl. XLII. — STANHOPEA DEVONIENSIS Lindley.

Cette belle espèce mexicaine fleurit au milieu de l'été et sa floraison ne dure que peu de jours. Inutile de rappeler qu'il faut la planter dans une corbeille à claire-voie de tous côtés et suspendue aux chevrons de la serre, afin que ses fleurs puissent se faire jour entre les rondelles et pendre librement en dessous. Cette remarque s'applique à tout le genre.

Si belle que soit cette espèce, elle le cède à d'autres, surtout au *Stanhopea tigrina*, le géant du genre et l'une des fleurs les plus extraordinaires que l'on connaisse.

Les fleurs des *Stanhopea* ne naissent pas une à une sur leur pédoncule, mais en grappes de trois à neuf. On peut se représenter ce que sont des inflorescences composées d'un tel nombre de fleurs déjà grandes et parfois énormes prises isolément. Quelques espèces ont un parfum tellement intense, qu'il est presque impossible de les garder dans un appartement.

Nous avons vu des *Stanhopea oculata* tenus à l'ombre et au frais durer une semaine. Le plus souvent ces belles et étranges fleurs sont fanées au bout de quatre ou cinq jours.

On ne peut se passer d'en tenir au moins un ou deux dans toute serre tempérée. On en cite quelques-uns : *Devoniensis, grandiflora, oculata, tigrina,* etc., qui ne demandent qu'une bonne place dans la serre tempérée-froide, avec des arrosements très modérés jusqu'en mars.

PL. XLII.___ STANHOPEA DEVONIENSIS. (½ G.)

PL. XLIII. — TRICHOPILIA CRISPA-MARGINATA Hort.

Les *Trichopilia crispa* et *coccinea* sont deux espèces qui ont entre elles beaucoup de ressemblance. La belle variété que nous figurons est-elle un *crispa* ou un *coccinea?* Nous nous bornons à signaler le doute.

L'une et l'autre espèce, sont des plantes de taille à peine moyenne, compactes, tenant par conséquent peu de place, faciles à cultiver et fleurissant avec abondance. Les fleurs sont grandes, de forme curieuse, généralement de couleurs agréables et pendant tout autour du pot en épis pauciflores. L'effet de cette floraison est très agréable et elle se prolonge pendant deux ou trois semaines. Ils fleurissent en été.

Il faut planter les *Trichopilia* en pots, et les élever fortement au-dessus des bords, afin de donner plus de liberté à l'expansion des fleurs, qui naissent de la base des pseudo-bulbes.

On les cultive généralement en serre tempérée, et nous pensons que la température de cette serre est celle qui leur convient le mieux. Cependant, en leur donnant les places les plus chaudes, on peut en élever quelques-uns en serre tempérée-froide (6° au plus bas). Tels sont *Trichopilia tortilis*, du Mexique; *Turneri*, belle espèce rare ; *Galeottiana*, autre espèce distinguée du Mexique ; *suavis* figuré ci-contre et *fragans*.

PL. XLIII — TRICHOPILIA CRISPA MARGINATA (2/3 G.)

PL. XLIV. — TRICHOPILIA·SUAVIS
LAMARCHÆ ED. MORR.

Le *Trichopilia suavis* type est une espèce des plus gracieuses et des plus délicatement colorées; mais la variété que M. Morren a dédiée à la dame d'un des orchidophiles les plus distingués de Belgique, lui est très supérieure. Les mouchetures rose franc qui en font l'ornement couvrent toute la surface du labelle. Cette magnifique espèce répand une agréable odeur d'aubépine. Ses fleurs durent une quinzaine.

L'espèce a été découverte dans l'Amérique centrale, principalement sur le volcan de Chiriqui, a une altitude de 8000 pieds, et ailleurs jusqu'à 9000. C'est, d'après cela, une espèce franchement de serre tempérée-froide. M! Warscewicz, le découvreur, dit que, dans sa patrie, ce *Trichopilia* repose quatre à cinq mois tout à fait à sec, parce que là il n'y a, pendant un pareil espace de temps, ni pluies ni rosées, et qu'il y souffle un vent âpre et violent.

Il faudra donc éviter avec soin de trop mouiller cette espèce lorsqu'elle a fini sa végétation, et surtout en hiver.

Nous pensons que le même conseil est applicable à tous les *Trichopilia* tenus à froid.

M. Reichenbach a réuni aux *Trichopilia* le genre *Pilumna*. Cette nouvelle section n'a pas l'importance des autres; les fleurs en sont beaucoup moins grandes, et les couleurs blanches ou blanchâtres. Le *Trichopilia fragrans* (*Pilumna*) est cependant une jolie espèce.

PL XLIV.— TRICHOPILIA SUAVIS LAMARCHÆ. (¾ G.)

Pl. XLV. — VANDA CÆRULEA Lindley.

Le genre *Vanda* forme avec les *Aerides* et les *Saccolabium* un groupe naturel de la plus grande importance et dont nous avons déjà signalé la haute valeur ornementale. Les *Vanda* ne le cèdent en rien aux deux autres genres; ils ont en plus, l'ampleur des formes, la puissance de la végétation, et peut-être plus de variété.

L'espèce que nous figurons la première est presque une anomalie parmi tant d'autres. Sa couleur, d'un bleu violacé pâle, est très rare, non seulement chez les *Vanda*, qui ont cependant encore le *Vanda cœrulescens*, mais dans toute la famille des Orchidées. Ensuite elle est originaire du nord de l'Inde, au-delà du tropique et à une altitude de 4000 pieds, ce qui en fait tout au plus une plante de serre tempérée:

Le *Vanda cœrulea* porte des grappes axillaires, droites, de huit à dix fleurs chacune, et ces fleurs n'ont pas moins de 5 pouces de diamètre. On peut les conserver six semaines dans toute leur fraîcheur moyennant les précautions déjà indiquées.

La culture et la multiplication des *Vanda* sont les mêmes que pour les autres genres de Vandées vraies de l'Inde.

Outre le *Vanda cœrulea* et le *cœrulescens* on peut encore cultiver en serre tempérée, les *Vanda cristata* du Népaul, *striata* et *undulata* d'Assam, *tricolor* de Java, *teres* du Sylhet, *Cathcarthii* de Sikkim; à une altitude de 3 à 4000 pieds; mais vu le haut prix de la plupart, il est prudent de ne jamais les exposer à une température hivernale inférieure à 10 degrés centigrades, avec quelques degrés de plus pendant le jour.

PL. XLV.——VANDA CŒRULEA. (½ G.)

Pl. XLVI. — VANDA·LOWII Lindley.

Cette espèce de Bornéo est encore d'une extrême rareté et d'un prix fort élevé. M. Reichenbach en fait un *Renanthera*.

Ses dimensions sont considérables. On a des exemplaires de 2 à 3 mètres de haut, avec des feuilles très larges, de grosses racines, et des grappes de fleurs distancées, au nombre de quarante ou plus, sur une longueur de 3 ou 4 mètres; Chaque fleur a de 2 à 3 pouces de diamètre.

Nous avons déjà signalé cet étrange phénomène que toujours les deux premières fleurs de la grappe sont d'une couleur différente de celles des autres.

L'origine de cette très curieuse espèce lui assigne une place dans la serre très chaude et très humide que les Anglais désignent sous le nom de serre indienne. Elle ne convient que là où l'on dispose d'un grand espace, et beaucoup d'autres *Vanda*, moins encombrants, lui sont supérieurs en beauté.

PL. XLVI.___VANDA LOWii. (½ C)

Pl. XLVII. — VANDA SUAVIS Lindley.

Cette magnifique espèce est de Java. C'est l'une des plus précieuses du genre. Elle croît vigoureusement et est prodigue de ses belles fleurs, dont la durée est, en outre, très-longue. Ces fleurs sont grandes et viennent en différentes saisons, en épis longs est rameux. Un exemplaire bien fleuri est une des plus belles choses que l'on puisse voir.

Cette espèce se plaît dans la serre indienne et ne demande aucuns soins particuliers.

Tous les *Vanda* n'ont pas une égale valeur, mais aucun de ceux qu'on cultive n'est à dédaigner. Nous avons déjà vu que tous sont loin d'exiger la même haute température. Citons en passant le *Vanda teres* du Sylhet, dont les feuilles sont cylindriques, et les grandes fleurs rouges tachetées de jaune. Il est assez avare de ses fleurs, au moins sur les jeunes plantes ou sur les exemplaires faibles, car la floraison est toujours en raison de la vigueur des Orchidées. Il demande une place bien éclairée. La variété *Vanda teres Andersonii* fleurit beaucoup plus facilement.

PL. XLVII ___ VANDA SUAVIS. $\left(\frac{1}{2}.\,\text{G.}\right)$

PL. XLVIII. — VANDA TRICOLOR Hooker.

C'est le *Vanda tessellata* de Loddiges, trouvé dans l'île de Java et l'une des plus aimables espèces du genre.

On cultive un certain nombre de variétés de ce *Vanda*, toutes plus belles les unes que les autres, dans lesquelles la teinte jaune ou ambrée des pétales se combine avec diverses nuances de brun, de rouge ou de violet, tandis que les labelles passent du lilas au pourpre et au violet.

Le *Vanda tricolor* est encore une espèce de bonne croissance et de floraison facile. Il est des plus répandus dans les collections. On lui donne ordinairement la serre chaude, mais il n'est pas aussi frileux que bien d'autres.

PL.XLVIII.____VANDA TRICOLOR. (¾ G.)

Pl. XLIX. — VANILLA PHALÆNOPSIS Reichb.

On n'a point l'habitude de considérer les Vanilles comme des plantes agréables par leurs fleurs. C'est comme plantes historiques et officinales, c'est aussi comme espèces curieusement grimpantes et ornées d'un bon feuillage épais qu'on les admet dans les serres chaudes, où elles ornent bien les piliers et où l'on peut leur faire produire des gousses parfumées au moyen de la fécondation artificielle.

L'espèce dont il s'agit maintenant diffère du tout au tout des Vanilles américaines. Elle n'a point de feuilles ; seulement de grosses tiges vertes, radicantes, à racines prenantes ; mais elle donne de grandes et belles fleurs, de teintes très délicates, qui naissent par groupes, et qui peuvent rivaliser avec beaucoup des meilleures espèces de la famille. Malheureusement elle demeure toujours excessivement rare.

Cette belle Vanille demande la haute serre chaude, ainsi que ses congénères américaines. On a, depuis peu d'années, les *Vanilla amaryllidiflora* et *angustifolia*, que l'on cultive pour leurs fleurs :

Nous venons de parler de fécondation artificielle. Les personnes qui n'ont pas le loisir d'étudier la physiologie végétale seront peut-être désireuses d'apprendre en quelques mots comment elle s'opère, non seulement sur les Vanilles, pour leur faire porter des gousses, mais sur toutes les Orchidées que l'on voudrait tenter d'hybrider ou simplement de reproduire par le semis.

Il faut, avec une pointe de canif, enlever d'abord l'opercule ou le couvercle qui ferme, tout à l'extrémité du gynostème, la loge où est l'anthère, sous forme de petites masses d'apparence cireuse. Ces pollinies ou masses polliniques se détachent sans le

moindre effort. Il-faut les saisir avec une petite pince ou avec la
pointe du canif et les déposer dans la cavité stigmatique qui
est située tout auprès, mais dans la partie de la colonne qui fait
face en bas. Cette cavité est revêtue d'une exsudation visqueuse,
de sorte qu'il suffit d'y appliquer une masse pollinique, qui y
demeure adhérente. Dès'lors la fécondation s'opère, ce qu'on ne
tarde pas à voir par cette circonstance que la fleur fécondée ne
tombe pas, mais que ses pétales se resserrent contre la colonne
et l'enveloppent, comme pour la protéger.

PL. XLIX ___ VANILLA PHALÆNOPSIS. ($^2/_3$ G.)

Pl. L. — ZYGOPETALUM CRINITUM Lodd.

L'ANCIEN genre *Zygopetalum* de Hooker, avant toutes les adjonctions modernes, qui en ont fait ce que l'on sait, comptait déjà une bonne dizaine d'espèces, sans parler de quelques variétés, que les amateurs s'empressaient d'admettre dans leurs serres. Sans être des Orchidées de premier ordre, les *Zygopetalum* méritaient d'autant mieux une place dans les collections, que cette place ne devait pas être bien grande, et qu'en retour de soins très-ordinaires, ils donnaient franchement leurs fleurs aussi curieuses que distinguées.

L'espèce figurée appartient à ce vieux genre et en donnera une suffisante idée, car les *Zygopetalum* se ressemblent tous jusqu'à un certain point. Ils sont, la plupart, originaires du Brésil, où quelques-uns s'élèvent jusque dans des zones très-tempérées. Ce sont des plantes plutôt semi-terrestres que franchement épiphytes, d'une constitution robuste, et d'une végétation compacte. Ils ont de fortes racines, qui réclament assez d'espace et beaucoup d'arrosements, pourvu que le drainage soit bien fait.

La serre qui leur convient est la serre tempérée, mais il n'est pas impossible d'en cultiver quelques-uns en serre tempérée-froide. Ils ne craignent nullement un refroidissement passager, mais la question est de savoir jusqu'à quel point ils fleuriraient sous une culture régulièrement froide.

On les cultive en pots avec sphagnum et terre de bruyère mêlés.

Tous les *Zygopetalum* vrais sont de bonnes plantes.

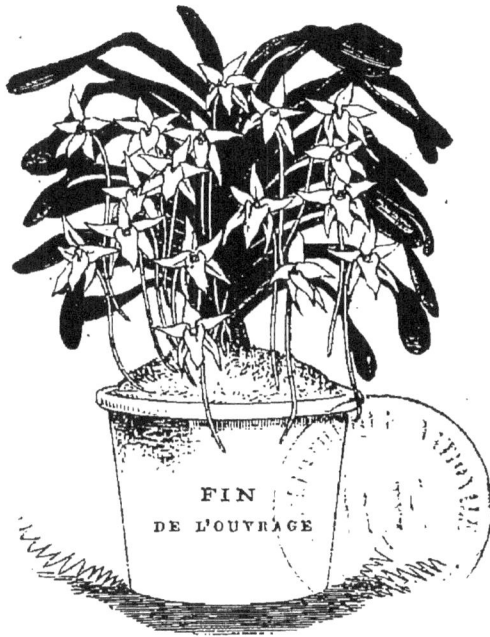

FIN
DE L'OUVRAGE

PL. L.——— ZYGOPETALUM CRINITUM. (½ G.)

TABLE ALPHABÉTIQUE

DES MATIÈRES, DES VIGNETTES ET DES 50 CHROMOLITHOGRAPHIES.

Les Chiffres ordinaires à gauche des Colonnes indiquent les Numéros des Vignettes qui sont placées dans le Texte; — ceux en romain se rapportent aux 50 Chromolithographies, et ceux mentionnés à la droite désignent les Pages du Texte.

Chromo. et vignettes.		Pages du texte.
	Acanthephippium (le genre) .	169
	Acarus rouge (araignée rouge) .	150
	Acineta (le genre)	169
	Acriopsis (le genre) . . .	169
	Acropera (le genre) . . .	170
	Ada (le genre)	170
I	*Ada aurantiaca*	170, 241
	Adiantes, attirent les limaces	152
	Aération et ventilation des serres	143
	Aération en hiver, à l'aide du feu	144
	Aerides (le genre) . . .	170
II	— *affine*	243
172, 173	— *cylindricum*	155
III	— *Fieldingii* . . .	245
IV	— *Veitchii* . . .	247
	Agamisia (le genre) . . .	170
	Air aux racines	148
	Aires et distribution des espèces 53, 56, 94	
	Alimentation des Orchidées épiphytes . . 74, 76, 124	
	Altitude; effets sur le climat .	86
	Ammoniaque comme engrais	127
	Anœctochilus (le genre) . .	170
	— *petola*	10
	Angræcum (le genre) . .	171
126	— de Madagascar, vue.	78
180	— *eburneum superbum* .	172
46, 54	— fruit 32, 33	
37	— *sesquipedale* . .	31
	Anguloa (le genre) . . .	171
	Animaux nuisibles . . .	148
	Ansellia (le genre) . . .	172
	— *africana* . . .	249
	'Anthères 31, 32	
	Appartements (Orchidées dans les)	153
	Arachnanthe, voir *Arachnis*.	
	Arachnis (le genre) . . .	173
	Aréthusées	39
	Arpophyllum (le genre) . .	173

Chromo. et vignettes.		Pages du texte.
	Arrosements	142
	Aspasia (le genre) . . .	173
101	— *Epidendroïdes* . .	174
	Assainissement des serres par le chauffage	144
	Atmosphère des serres à Orchidées	143
	Atmosphère, moyens de l'humidifier	143
	Auliza (le genre), voir *Epidendrum*	173
	Australie; ses Orchidées . .	66
121	— (forêt d') . . .	66
	Avancer la floraison (moyen d')	156
	Badigeonnage des vitres .	145
129	Barranca au Mexique . .	82
	Barkeria (le genre) . . .	173
VI	— *Skinneri superba* .	251
	'Bateman	9
	Batemania (le genre) . .	174
182	— *fimbriata* . . .	175
	Beauté et valeur vénale . .	161
	Benson	14
	Bifrenaria (le genre) . .	175
160	Blattes	149
	Bletia (le genre)	175
	Bletilla, voir *Bletia* . . .	176
	Blume	14
	Bois pour la plantation des Orchidées	116
	Bolbophyllum (le genre) . .	176
183	— *barbigerum* . . .	176
	Bollea (le genre)	176
184	— *Patini* . . .	177
	Bonpland	12
	Bonatea speciosa	69
	Bourgeons reproducteurs .	22, 23
	Brassavola (le genre) . . .	176
	Brassia (le genre) . . .	176
	Bromheadia (le genre) . .	178
	Broughtonia (le genre) . .	178
148	Bûche garnie d'Orchidées .	116

22*

Chromo. et vignettes.		Pages du texte
	*Burbidge (M.)	134
	Burlingtonia (le genre). .	178*
	Calanthe (le genre)* . . .	178
	— leur aire d'habitation	53
	Camaridium (le genre). .	179
	Camarotis (le genre)* . .	179
	Cap de Bonne-Espérance, sa flore	67
	Caractères botaniques des Orchidées	20
	Caractères locaux des espèces très disséminées . . .	55
	Carbonate d'ammoniaque .	127
	Catasetum (le genre). . .	179
	— ses métamorphoses .	44
	Cattleya (le genre) . . .	179
133	— amethystoglossa .	91
VII	— Dowieana . . .	253
26	— dolosa	28
VIII	— Eldorado . . .	*255
185	— gigas	180
IX	— Guttata Leopoldi .	*257
	Causes des maladies . .	156
91 à 93	*Cephalanthera grandiflora	51
	Chaleur (la) et les parasites .	151
	— humide . . . 143,	151
	— insuffisante. . .	147
	Chaleurs *équatoriales plus constantes qu'élevées . .	81
	Chaleurs moyennes . . .	81
	Chassis (culture sous) . .	79
146	Chaudières et bouilleurs .	112
	Chauffage des serres . .	112
	Chine, ses Orchidées . .	62
	Chlorose	147
	Choix des variétés . . .	17
	Chysis (le genre)	181
186	— bractescens . .	181
	Cirrhœa (le genre)* . . .	182
	Cirrhopetalum (le genre)* .	182
	Claies pour ombrer . . .	145
	Classification d'après Linné .	20
	— d'après Jussieu . .	20
	— du Dr Lindley . .	35
	— révision par M. Reichenbach . . .	40
	Cleisostoma (le genre) . .	182
	Climat du nord	80
	*Climatologie appliquée . .	80
	— des régions intertropicales	81
	Climatologie des régions juxtatropicales *61,	81
	Cloportes	150*
	*Cochenilles	150
	Cœlia (le genre)	182
	Cœlogyne (le genre). . .	182
	*Colax (le genre)	183*
	Collecteurs botanistes. 12, 14	99
	— de l'avenir . . .	101
	— par spéculation . .	99

Chromo. et vignettes.		Pages du texte
	*Collections d'Orchidées comme placement de fonds. .	164
	Collections d'Orchidées d'Europe	*52
	Collections d'Orchidées primitives	16
	*Commerce de l'avenir . .	101
	Comparaison des Orchidées de différentes zones . . .	70
	Comparettia (le genre) . .	183
	*Conséquences des données climatologiques . . . 90,	92
	Cool house des Anglais . .	134
94 à 96	Corallorhiza innata . .	*51
186	Cordillère de Marcapata . .	97
	*Coryanthes (le genre) . . .	183
184	— speciosa	184*
	*Courants d'air.	144
	Couverture pour les Orchidées en hiver . . . 113, 114,	145
	Couvertures de sphagnum vivant sur les pots . . .	121
	Création (une) mal assise . .	46
	Culture en général	127
	— limitée	128
	— des Orchidées dans les appartements . . .	153
	*Culture, procédés	103
	Cycnoches (le genre) . . .	183
	— dimorphisme . . .	45*
	Cymbidium (le genre) . . .	186
188	— Aloefolium . . .	15
	— Lowianum	183*
	— sinense	15*
	Cypripédiées	40*
	Cypripedium (le genre) 31, 157,	186
24, 69	— Calceolus . . . 20,	46
X, 191	— candatum	259*
66. 154	— concolor . . . 41,	130
118 à 120	— japonicum . . .	65
38	— (Gynostème ou de profil)	31
174 à 176	— lævigatum	159
XI	— Lowi	261
*190	— Parishii	189
	— pubescens	52
XII	— Schlimii	263
XIII	— Sedeni	265
189	— Stonei	187
111*	— spectabile	58
XIV	— Veitchianum . . .	267
	— du nord	56
	— genre le plus cosmopolite	52
	Cypripedium les plus faciles .	159
	Cyrtochilum (le genre) . .	190
	Cyrtopera (le genre) . . .	190
	Cyrtopodium (le genre) . .	190
	*Cyrtosia (le genre) . . .	192
	Cytisus Adami	44
	Date des premières introduction d'Orchidées	15

Chromo. et vignettes.		Pages du texte.
Déballage des caisses . .		102
Deckeria (le genre), voir Schomburgkia		192
Décroissance des températures par l'altitude		86
Demerara		9
Dendrobium (le genre). . .		192
59	— Ainsworthi . . .	36
XV	— Calceolaria . . .	269
XVI	— Guiberti	271
114 à 117	Hillii (speciosum) . .	163
XVII	macrophyllum . .	273
	— moniliforme . .	62
109	— tortile.	54
	— (les) d'Australie .	66
Dendrochilum (le genre) . .		193
Dénombrement par catégories		87
Déplacements dans les serres.		139, 143
Dépopulation des forêts vierges		101
Déserts de sable vers les tropiques		59
Devansaye (M. de la) . . .		125
Devos		14
Dichea (le genre), voir Isochilus.		
Dimorphisme 44		45
Disa (le genre)		193
— (le genre) particularités		68
XVIII Disa Barelli.		275
Distribution géographique .		56
Divergence des opinions sur la plantation		119
Divergence entre les catalogues du commerce . . .		132
Drainage des pots . . .		118
Duboisia (le genre). . . .		194
Duchartre (M) ses expériences.		76
Durée des fleurs 84,		156
— — coupées . .		156
Eau; la meilleure. . . .		142
— dans l'atmosphère. 143,		151
— en arrossements, règles		142
Eau, en arrossement par immersion		142
Effet des ventes d'Orchidées importées		101
Élasticité du tempérament des plantes 94,		95
Ellis (le Reverend) . . .		14
Emballage pour les expositions		157
Embarquement et débarquement		98
Encyclia (le genre), voir Epidendrum.		
Énergie de la végétation équatoriale		83

Chromo. et vignettes.		Pages du texte.
Engrais et agents chimiques .		122 et suiv.
— pour les Orchidées terrestres		123
Engrais pour les épiphytes. 124,		125
Ennemis des Orchidées . .		148
Éperons.		30, 31
Épidendrées		35
Épidendrum (le genre) . .		194
32, 34, 56	Epidendrum analyse. 32,	34
	— cochleatum . . .	15
	— cuspidatum . . .	15
	— elongatum . . .	15
XIX	— Frederici Guillelmi	277
XX	— vitellinum majus .	279
86 à 90	Epipactis palustris .	51
	Épiphytes . . 22, 26, 74, 76,	124
123	— d'une forêt vierge au Brésil.	71
124	Épiphytes d'une forêt vierge au Brésil . . .	73
126	Épiphytes de Madagascar.	78
	— leur alimentation .	76
	— ne sont point parasites	74
	Épiphytes ont les racines prenantes	79
97 à 101	Epipogium aphyllum .	51
	Epistephium (le genre). .	195
	Eria (le genre)	195
	Eriopsis (le genre) . . .	195
	Esmeralda (le genre), voir Vanda	196
	Espèces communes aux deux hémisphères	52
	Espèces délaissées . . 17,	161
	— (Métamorphoses des)	44
	Etæria, voir Anœctochilus.	
	Été, précautions qu'il exige. 88,	113
	Été perpétuel	81
	Études de climatologie appliquée	80
	Étymologie	7
	Eulophia (le genre). . .	196
	Europe, ses Orchidées. . .	47
	Evelyna (le genre) . . .	196
	Exemplaires d'exposition. 160,	162
	Famille botanique . . .	56
	Famille (une) privilégiée . .	4
	Fécondation 32,	34
	Fernandezia (le genre) . .	196
45, 52	— acuta. . . . 32,	35
	Feu pour assainir les serres .	144
	Feuillage (jaunissement du)	146
	Feuilles, organographie . 20	25
	Fleurs, aspect extérieur . . . . 27 et passim	
	Fleurs, organographie . . 27,	31
	— (durée des) . . 34,	156
	— — coupées . .	156
	— différentes sur une seule grappe	41

Chromo. et vignettes.		Pages du texte.
Fleurs différentes sur une seule plante.		45
Fleurs (Parfum des)		135
65	Fleur d'orchis agrandie.	41
	— régularisée.	44
	— d'Orchidée double.	43
Floraisons avancée.		156
	— retardée.	156
	— rare ou nulle	147
Flore des serres et jardins de l'Europe.		127
Flore australe tempérée.		65
	— boréale tempérée.	64
	— de l'Afrique australe.	61,62
130	Forêt Brésilienne	84
121	— d'Australie.	66
122	— vierge (scène dans une)	70
123	Forêt vierge du Brésil.	71
124	—	73
Forêts de l'équateur, caractère		85
169	Forficules (Perce oreilles)	150
166, 167, 168	Fourmis	150
46, 47, 56	Fruits des Orchidées	32, 84
Fumée du tabac		151
Funck		14
Galeandra (le genre)		196
193	— Baueri	197
Galeotti		14, 46
Galeottia (le genre)		196
Gelées sous les tropiques		81
	— sous l'équateur	86
Genre Epidendrum, le plus nombreux		53
Genre Epidendrum, exclusivement américain.		53
Genres principaux de chaque tribu		35 à 40
Genre Cypripedium à l'aire la plus vaste		53
Genre s'étendant à toutes les altitudes.		91
55, 57, 58	Germination	34
Ghiesbreght.		14
Gomeza (le genre)		196
Gongora (le genre)		198
194 à 198	Goodyera repens.	198
Govenia (le genre)		198
55, 57, 58	Graines d'Orchidées	34
Grammatophyllum (le genre).		198
	— speciosum	9
Griffith		14
Grobya (le genre)		199
Guano		127
38	Gynostème.	30
Habenaria (le genre)		199
	— (Les) du nord	58
8	— bifolia	8
Hæmaria (le genre)		199
Hartwegia (le genre)		199

Chromo. et vignettes.		Pages du texte.
Helvia (le genre).		199
Hernandez		10
13	Hibenaria bifolia.	8
Histoire ancienne des Orchidées		7
Histoire moderne des Orchidées		12
Hommage aux dames		165
Houllet		14
Houlletia (le genre).		199
Humboldt et Bonpland.		12
Humidité atmosphérique.		143
Humidité des régions alpines.		89, 90
	— nuisible à la conservation des fleurs	154
Huntleya (le genre).		200
Hybrides naturels		42
	— jardiniques.	43
112	Hymalaya.	60
113	Ile du tigre (La Plata).	62
Imitation de la nature.		92, 94
Importations d'Orchidées.		14, 97
	— fortuites d'insectes ravageurs	102
Inconvenients des couvertures sur les serres		113
Insectes et mollusques nuisibles		149, 151
Introductions successives d'Orchidées.		15 et suiv.
Introduction (les premières), erreurs auxquelles elles ont donné lieu.		15, 99
Ionopsis (le genre)		200
Isochilus (le genre).		200
Japon, ses Orchidées		69
	— affinités de sa Flore.	62
Jaunissement des feuilles.		146
Jussieu		12
Kæmpfer.		10
Kefersteinia (le genre).		200
163, 164	Kermès et Cochenilles.	150
Koellensteinia (le genre)		200
Lacæna (le genre)		200
Lælia (le genre)		201
XXI	— elegans	281
60, 199	— Jongheana	37, 202
Læliopsis (le genre).		201
Langage des fleurs		9
Légendes et souvenirs historiques		18
Leochilus (le genre) voir Oncidium.		
Lepanthes (le genre)		201
33	— calodictyon, fleur	29
Leptotes (le genre)		201
	— bicolor	46
48, 50	— fruit	33
Libon		14

Chromo. et vignettes.	Pages du texte.
Limaces.	151
Limatodes (le genre) . . .	202
Limites extrêmes de la dissémination des espèces . .	94
Limodorum (le genre) . . .	203
Linden	14
19 *Lindley*, son portrait . . .	14
Linné 12,	20
Liparis (le genre) . . .	203
106 à 108 *Liparis Lœselii* . . .	52
Lissochilus (le genre) . . 63,	203
102 à 105 *Listera ovata*	52
Loi de la décroissance de la chaleur par l'altitude . .	86
Lombrics	152
Luddemannia (le genre) . .	203
Luisia (le genre)	203
200, 201 *Luisia Psyche*, fleur .	203
Lumière (la) relativement aux serres 94,	103
Lumière de la lune . . .	114
Lycaste (le genre). . . .	202
XXII — *Skinneri rubra* .	283
Macradenia (le genre). . .	204
Macrochilus (le genre) voir *Miltonia*.	
Maladies des Orchidées . .	146
— — par suite de négligence 146,	148
Maladies des Orchidées point mortelles.	148
Malaxidées.	35
Malaxis (le genre) . . .	204
36, 202 à 206 *Malaxis paludosa*, fleur. 30,	204
Masdevallia (le genre) . . .	204
XXIII, 64 *Masdevallia Chimœra*. 40,	285
209 — *coccinea*, fleur . .	206
137, 138, 139 *macrura*. . . .	100
207, 208 — *polysticta* . . .	205
XXIV — *tovarensis* . . .	287
27 et 28 — *triaristella* . . .	24
XXV — *Veitchii* . . .	289
40, 41 Masses polliniques . .	32
Maxillaria (le genre) . . .	204
Médecine (la) et les Orchidées 7, 9,	10
Megaclinium (le genre). . .	205
Mesospinidium (le genre) . .	206
Métamorphoses des parties essentielles.	44
Métamorphoses des fleurs. .	45
— des tiges . . .	46
129 Mexique (Barranca au) . .	82
Microstylis (le genre), voir *Anœctochilus*.	
Miltonia (le genre) . . .	206
39, 55 — germination de la graine. 31,	34
XXVI *Miltonia Regnelli* . .	291
XXVII — *spectabilis Moreliana*.	293

Chromo. et vignettes.	Pages du texte.
Mode, ses caprices . . .	164
— de croissance des épiphytes 22,	26
Mode de croissance des Orchidées terrestres. . . 20,	22
Mollusques 149,	151
Monacanthus (le genre) . 44,	206
— métamorphoses . .	44
Montagne de la table (Afrique)	67
Mormodes (le genre) . .	206
— genre douteux . .	45
Morren, Ch. Citations . . 9,	10
— et la Vanille .	11
Morren, Ed.	125
Moyen âge (le)	9
Moyens (les) et le but . . .	11
— de suppléer à ce qui nous manque . . . 93,	94
Moyens de ventilation . . .	111
Myanthus (le genre), voir *Catasetum*.	
Myanthus (le genre), ses métamorphoses	44
Nanodes (le genre)	207
210 — *Medusæ*. . . .	207
Nasonia (le genre) . . .	207
Natal	68
Nature (Imitation de la) . .	92
— n'a pas de caprices .	4
Neige, la meilleure couverture dans les grands froids . .	58
Neottia (le genre)	207
— *elata*	15
70 à 72 — *Nidus avis* . . .	49
32 et 34 — *ovata*	29
— *picta*	15
— *speciosa* . . .	15
Neottiées.	38
Noms vernaculaires . . .	10
Notions historiques. . . 7 à	12
Notylia (le genre) . . .	208
121 Nouvelle Zélande . . .	65
Odontoglossum (le genre) . .	208
XXVIII *Odontoglossum Alexandrœ guttatum*.	295
192 *Odontoglossum Bictoniense*.	191
132, 216 — *cirrhosum* . . 89,	213
XXIX — *citrosmum* . . .	297
— *gloriosum* . . .	165
67 — *grande*	43
134 — *Dawsonianum* . .	92
217 — *Krameri* . . .	214
213 — *nebulosum*. fleur .	210
61, 62 — *candidulum*.	38
156 — *Phalœnopsis* . .	135
Odontoglossum radiatum. .	152
214, 215 — *Roezlii* . . .	212
211 — *Ruckerianum* . .	209
155 — *Schlieperianum* . .	132
XXX — *triumphans*. . .	299

Chromo. et vignettes.		Pages du texte.
	Odontoglossum Uro-Skinneri	46
212	— *vexillarium*	211
131	— *Warnerianum*	88
	Ombrages, moyens et appareils	113, 144
	Ombrages fixes ou amovibles	113
	— le trop nuit	113, 145
	— soleil d'été, soleil d'hiver	113
	Oncidium (le genre)	210
	— *bifolium*	65
	— *cartagenense*	15
148	— *janeirense*	116
XXXI	— *Kramerianum*	301
XXXII	— *Lanceanum*	303
218	— *macranthum*	215
63	— *microchilum*	89
220	— *Papilio*	217
XXXIII	— *splendidum*	305
219	— *varicosum Rogersii*	216
	Ophrydées	37
	Ophrys (le genre)	214
85	— *anthropophora*	50
79 à 83	— *apifera*	49
84	— *aranifera*	50
77 à 78	— *myodes*	49
	Orchidées (La famille des) 4 et passim	
25	*Orchidée* aérienne	21
	— à fleur pleine	43
	— — régularisée	44
	Orchidées introduites eu Europe	15
	— à introduire	15
	— alpines	87, 92
	— australiennes, leurs affinités	66
	— aux expositions florales	156
	— classées en vue de la culture	128
	— connues de Linné	12
	— — de Jussieu	12
	— — en 1840	14
	— — de nos jours	15
	— coûtent des vies d'hommes	98
	— de l'avenir	42, 101
	— cultivées, se multipliant peu	96
	— dans les appartements	153
	— d'Europe	47
	— de la Chine et du Japon	62
	— des contrées chaudes	20
	— du nord arctique	20, 56
	— — de l'Inde	64
	— Epiphyte, 74, 76 et passim	
	— et médecine	7, 9, 10
	— extra-tropicales sont rares	59
	— grimpantes	24
	— importées, premiers soins	102
	— intertropicales	12, 74

Chromo. et vignettes.		Pages du texte.
	Orchidées intertropicales : terrestres	75
	— qui bravent le soleil équatorial	75
	— qui ne méritent pas la culture	161
	— (les) progressent de l'ouest à l'est	54
	— (les) redoutent les fortes chaleurs	87
	— (les) se vendant au poids de l'or	99
	— (les) sud-africaines	69
	— vivant en Europe	15, 16, 17
	Orchis (le genre)	19, 215
35, 47, 65	*Orchis* analyse de la fleur	30, 32, 41
47, 57	— fruits, graines	32, 34
10	— *hircina*	8
23, 73 à 76	*maculata*	19, 49
5	— *militaris*	8
8	— *Morio*	8
	Organographie	18 et suiv.
	Ornithidium (le genre)	215
	— *coccineum*	15
	— *miniatum*	46
	— transformations	46
	Ornithocephalus (le genre)	217
	Palumbina (le genre)	217
221	— *candida*	218
	Paphinia (le genre)	217
	Paradisianthus (le genre)	218
	Parfums des fleurs	35
	Paxtonia (le genre)	218
169	Perce-Oreilles (forficules)	149
	Peristeria (le genre)	219
	Persiennes mobiles	145
	Pescatorea (le genre)	219
222, 223	— *Dayana*	220
	Phajus (le genre)	219
20	— *grandifolius*	16
224	— *irroratus*	221
	Phalænopsis (le genre)	219
145	— *amabilis*	115
226, 227	— *amethystina*	223
XXXIV	— *grandiflora*	307
125, 126	— *Portei*	77, 222
XXXV, 9, 150, 228	*Phalænopsis Schilleriana* 25, 128, 225, 309	
	Phénomènes périodiques de l'atmosphère	83
	Physurus (le genre)	222
110	Pic de Moorea, Polynésie	55
	Pièges à prendre les animaux nuisibles	150
	Pilumna (le genre)	222
	Plant (M.)	69
	Plantation des Orchidées	114
	— en caisses	121
	— — en corbeilles	116, 120

Chromo. et vignettes.	Pages du texte.
Plantation des Orchidées en pots .	118, 120
— — sur bois . .	115
Plantes polaires, elles gèlent ici	58
— qui reposent .	139, 143
Pleione (le genre) . . .	222
XXXVI — *lagenaria* . . .	311
Pleurothallis (le genre) .	32, 225
44, 53 — *clausa* fruit. .	32, 33
58 — graine germante . .	34
Pluies périodiques . . .	83, 89
Poison attribué à une Orchidée	9
40 à 43 Pollen et pollinies. . .	32
Polycycnis (le genre) . . .	223
Polystachia (le genre) . . .	225
Porte, Marius	14
Pourriture des racines . . .	148
Préexistence des genres . .	56
Prélèvements des cultures	
Preptanthe (le genre), voir *Calanthe.*	
Prises d'air.	111
Prix élevés, causes . . 98,	160
Profusion et confusion d'espèces	85
Progrès de l'horticulture par les Orchidées. . .	5
Promenæa (le genre) . . .	223
Pseudo-bulbes et tiges. . 22,	24
161, 162 Pucerons.	149
Racines, organographie . .	26
— des Orchidées épiphytes	26
— des Orchidées terrestres	26
— (les) peuvent seules être enterrées . . .	121
Rapport entre la végétation et le climat	80
Réforme de la classification .	40
Régions alpines	86
Régions chaudes 70	81
— extra-tropicales, caractère	81
— tempérées	81
Reichenbach fils (M.). 40, 41,	125
Renanthera (le genre) . . .	225
229 — *coccinea*	226
— *Lowii* (*Vanda*). . 49,	337
Répartition horticulturale en trois serres . . 87,	128
— horticulturale en deux serres	131
Repos hivernal des Orchidées 139, 142,	143
Restrepia (le genre) . . .	226
Rhizomes 22,	24
Richard, Achille	44
Rocailles à l'intérieur des serres 112,	151

Chromo et vignettes.	Pages du texte.
Rodriguezia (le genre) . . .	226
Rœzl	14
Rollison (MM.) . . . 136,	139
Rosées et rayonnement . . .	83
Rumph	10
Saccolabium (le genre). . .	227
XXXVII — *Blumei* . . .	313
XXXVIII — *curvifolium* . . .	315
18, 230 — *guttatum* . . 13,	227
XXXIX — *violaceum* . . .	317
Saison pluvieuse. . . .	83
— sèche. . . . 83,	85
Salep 7,	9
Sarcanthus (le genre) . . .	227
Sarcochilus (le genre) . . .	228
Sarcoglottis (le genre) voir *Stenorhynchus*	231
Sarcopodium (le genre) . .	228
Satyrium (le genre). . . 15,	228
Scapiglottis (le genre) voir *Ornithidium*	215
Schlimia (le genre)	228
Schlim	14
Schomburglia (le genre) . .	228
Scuticaria (le genre). . . .	229
Selenipedium (le genre) . .	229
— devenus *Cypripedium*	55
Seringuages d'été	143
Serres adossées à un versant.	106
— à deux versants . .	103
— à Orchidées, généralités . . . 103,	107
Serres aux *Cattleya* . . .	130
— aux *Odontoglossum* .	131
— aux *Vanda*. . 128,	133
— chaude . . . 128,	133
— tempérée . . .	130
— froide .	131
— froide	59
157 — de M. *Veitch* . .	136
140 — de M. *Warner* . .	104
— en bois	108
— en fer	109
143-146 — du jardin d'acclimatation . . 109,	110
— indienne . . 128,	133
— mexicaine ou brésilienne . . 130,	133
— péruvienne . 130,	133
— la plus simple . .	108
— pittoresque . .	107
— type . . . 107,	109
Sibérie 55, 56,	etc.
Siebold	14
Skinner	14
Sigmatostalix (le genre) . .	229
Sobralia (le genre)	229
XL — *Ruckeri*	319
Solenidium (le genre) . . .	229
Sols et composts. . . 119,	121
Sophronitis (le genre) . . .	230
XLI — *grandiflora*	321

Chromo. et vignettes.	Pages du texte.
Spathoglottis (le genre) voir	
Paxtonia	218
Sphagnum	119, 122
Spiranthes (le genre), voir	
Anœctochilus	170
31 Stanhopea	28
— (le genre)	29, 230
XLII — Devoniensis	323
32 à 34 — insertion de la fleur	29
140 — Martiana	117
Stelis (le genre)	231
Stenia (le genre)	231
Stenorhynchus (le genre)	231
Tablettes des serres	111
Taches aux feuilles	146, 117
Températures des trois serres	128 à 139
Terres australes pauvres en Orchidées	65, 66
Théophraste	7
Théorie des engrais	122
— — application aux Orchidées	123, 124
Thermomètre	88
Thermosiphons	112
165 Thrips	150
Thunia (le genre)	231
Traitement des Orchidées importées	102
Traitement des Orchidées malades	147
Tribus botaniques d'après Lindley	35 à 40
Trichocentrum (le genre)	232
231, 232 — albo purpureum	233
Trichoceros (le genre)	232
Trichopilia (le genre)	232
XLIII — crispa marginata	325
XLIV — suavis Lamarchæ	327
Trigonidium (le genre)	233
Tubercules	48
Tuyaux de chauffage	112
Uropedium (le genre)	233
Usage domestique des Orchidées	7, 10
Valeur énorme des spécimen d'exposition	160

Chromo. et vignettes	Pages du texte.
Valeur d'achat des collections	161, 163
Vanda (le genre)	233
151 à 153 Vanda Cathcarti	129
XLV — carulea	329
234 à 236 — carulescens	236
XLVI — Lowii	44 331
XLVII, 30 — suavis	27, 333
XLVIII — tricolor	335
233 — undulata	234
Vandées	36
Van Houtte	14
Vanilla (le genre)	18, 235
9 — aromatica	11
XLIX — Phalænopsis	337
— planifolia	15
49, 51 — fruits	33
Variabilité des Orchidées	42
Variétés jardiniques	42, 43
— naturelles	17, 42
130 Végétation intertropicale	83
Veitch (M)	14
Ventes aux enchères à Londres	90, 160
Ventilation	111 142
Verres à vitres	109
Voyageurs botanistes et collecteurs	14
Vue d'Australie	170
— du Rio negro	3
Wallich	14
Warrea (le genre)	237
Warscewicz	14
Warscewiczella (le genre)	238
Williams (M. B. s) 69, 134, 155, 156	
Xylobium (le genre), voir Epidendrum.	
Zone extra-tropicale	81
— intertropicale	70, 74, 81
— glaciale	56
— d'altitude favorable aux Orchidées	87
Zygopetalum (le genre)	238
237 — aromaticum, fleur	337
L — crinitum	339

α H

www.ingramcontent.com/pod-product-compliance
Lightning Source LLC
Chambersburg PA
CBHW060123200326
41518CB00008B/909